班组安全行丛书

高处作业安全知识

（第二版）

黄代高　主编

中国劳动社会保障出版社

图书在版编目（CIP）数据

高处作业安全知识 / 黄代高主编. -- 2 版. -- 北京：中国劳动社会保障出版社, 2024. -- (班组安全行丛书).
ISBN 978-7-5167-6703-0

I. TU744

中国国家版本馆 CIP 数据核字第 20243ZT000 号

中国劳动社会保障出版社出版发行

（北京市惠新东街 1 号　邮政编码：100029）

*

北京市科星印刷有限责任公司印刷装订　　新华书店经销
880 毫米 × 1230 毫米　32 开本　4.375 印张　98 千字
2024 年 10 月第 2 版　2024 年 10 月第 1 次印刷
定价：22.00 元

营销中心电话：400-606-6496
出版社网址：http://www.class.com.cn

版权专有　　侵权必究

如有印装差错，请与本社联系调换：（010）81211666

我社将与版权执法机关配合，大力打击盗印、销售和使用盗版图书活动，敬请广大读者协助举报，经查实将给予举报者奖励。
举报电话：（010）64954652

内容简介

本书主要讲述高处作业安全相关知识，内容包括高处作业基础知识、登高架设作业安全知识、建筑施工高处作业安全知识、高处作业个体防护知识、高处作业现场安全风险管控与事故应急救援等。

本书叙述简明扼要，内容通俗易懂，可作为班组安全生产教育培训的教材，也可供从事安全生产工作的有关人员参考、使用。

本书由黄代高主编，黄宇参与编写。

前言

　　班组是企业最基本的生产组织，是实际完成各项生产工作的部门，始终处于安全生产的第一线。班组的安全生产，对于维持企业正常生产秩序，提高企业效益，确保职工安全健康和企业可持续发展具有重要意义。据统计，在企业的伤亡事故中，绝大多数属于责任事故，而90％以上的责任事故又发生在班组。可以说，班组平安则企业平安，班组不安则企业难安。由此可见，班组的安全生产教育培训直接关系企业整体的生产状况乃至企业发展的安危。

　　为适应各类企业班组安全生产教育培训的需要，中国劳动社会保障出版社组织编写了"班组安全行丛书"。该丛书自出版以来，受到广大读者朋友的喜爱，成为他们学习安全生产知识、提高安全技能的得力工具。其间，我社对大部分图书进行了改版，但随着近年来法律法规、技术标准、生产技术的变化，不少读者通过各种渠道给予意见反馈，强烈要求对这套丛书再次进行改版。为此，我社对该丛书重新进行了改版。改版后的丛书共包括17种图书，具体如下：

　　《安全生产基础知识（第三版）》《职业卫生知识（第三版）》《应急救护知识（第三版）》《个人防护知识（第三版）》《劳动权益与工伤保险知识（第四版）》《消防安全知识（第四版）》《电气安全知识（第三版）》《危险化学品作业安全知识》《道路交通运输安全知识（第二版）》《金属冶炼安全知识（第二版）》《焊接安全知识（第三版）》《起

重安全知识（第二版）》《高处作业安全知识（第二版）》《有限空间作业安全知识（第二版）》《锅炉压力容器作业安全知识（第二版）》《机加工和钳工安全知识（第二版）》《企业内机动车辆安全知识（第二版）》。

该丛书主要有以下特点：一是具有权威性。丛书作者均为全国各行业长期从事安全生产、劳动保护工作的专家，既熟悉安全管理和技术，又了解企业生产一线的情况，所写内容准确、实用。二是针对性强。丛书在介绍安全生产基础知识的同时，以作业方向为模块进行分类，每分册只讲述与本作业方向相关的知识，因而内容更加具体，更有针对性。班组可根据实际需要选择相关作业方向的分册进行学习。三是通俗易懂。丛书以问答的形式组织内容，而且只讲述最常见、最基本的知识和技术，不涉及深奥的理论知识，因而适合不同学历层次的读者阅读使用。

该丛书按作业内容编写，面向基层，面向大众，注重实用性，紧密联系实际，可作为企业班组安全生产教育培训的教材，也可供从事安全生产工作的有关人员参考、使用。

目录

第一部分 高处作业基础知识 ……………………………（ 1 ）

  1. 什么是高处作业？……………………………………（ 1 ）

  2. 什么是坠落高度基准面？……………………………（ 1 ）

  3. 什么是可能坠落范围？………………………………（ 1 ）

  4. 什么是可能坠落范围半径？…………………………（ 1 ）

  5. 什么是基础高度？……………………………………（ 2 ）

  6. 可能坠落范围半径是如何规定的？…………………（ 2 ）

  7. 什么是高处作业高度？………………………………（ 2 ）

  8. 高处作业高度如何计算？……………………………（ 3 ）

  9. 高处作业高度分为哪几个区段？……………………（ 3 ）

  10. 直接引起高处坠落事故的客观危险因素有哪些？……（ 3 ）

  11. 高处作业施工有哪些基本规定？……………………（ 4 ）

  12. 安全防护设施验收应包括哪些内容？………………（ 6 ）

  13. 安全防护设施验收资料有哪些？……………………（ 6 ）

  14. 对安全防护设施有哪些要求？………………………（ 6 ）

第二部分　登高架设作业安全知识 ……………………（ 7 ）

一、扣件式钢管脚手架 ……………………………（ 7 ）

15. 什么是扣件式钢管脚手架? ………………………（ 7 ）
16. 扣件式钢管脚手架搭设前应该做哪些准备工作? ……（ 8 ）
17. 扣件式钢管脚手架搭设的主要步骤是什么? ………（ 8 ）
18. 扣件式钢管脚手架搭设的安全注意事项有哪些? ……（ 10 ）
19. 什么是型钢悬挑脚手架? …………………………（ 11 ）
20. 型钢悬挑脚手架搭设时有哪些规定? ………………（ 12 ）
21. 扣件式钢管脚手架如何拆除? ………………………（ 13 ）
22. 扣件式钢管脚手架拆除的安全注意事项有哪些? ……（ 14 ）
23. 脚手架及其地基基础应在哪些阶段进行检查与验收? ……………………………………………（ 15 ）
24. 脚手架使用中应定期检查哪些内容? ………………（ 15 ）

二、碗扣式钢管脚手架 ……………………………（ 15 ）

25. 碗扣式钢管脚手架的碗扣节点由哪些构件组成? ……（ 15 ）
26. 碗扣式钢管脚手架搭设的基本流程是什么? ………（ 16 ）
27. 碗扣式钢管脚手架搭设前应该做哪些准备? ………（ 16 ）
28. 碗扣式钢管脚手架的地基和基础怎么处理? ………（ 17 ）
29. 碗扣式钢管脚手架如何搭设? ………………………（ 17 ）
30. 碗扣式钢管脚手架搭设有哪些技术要求? …………（ 21 ）
31. 碗扣式钢管脚手架怎么拆除? ………………………（ 21 ）
32. 碗扣式钢管脚手架施工过程中的安全注意事项有哪些? …………………………………………（ 22 ）

三、门式钢管脚手架……………………………………（23）
　33. 什么是门式钢管脚手架?…………………………（23）
　34. 搭设门式钢管脚手架前应做好哪些施工准备?………（24）
　35. 门式钢管脚手架搭设要点包括哪些?……………（25）
　36. 拆除门式钢管脚手架前应检查哪些内容?…………（27）
　37. 门式钢管脚手架拆除要点包括哪些?………………（27）
　38. 门式钢管脚手架施工过程中的安全注意事项有
　　　哪些?………………………………………………（28）

四、工具式脚手架………………………………………（29）
　39. 什么是高处作业吊篮?……………………………（29）
　40. 高处作业吊篮安装时应该注意什么问题?…………（30）
　41. 外挂防护架应该如何安装?………………………（31）
　42. 工具式脚手架施工安全管理包括哪些内容?………（33）

五、承插型盘扣式钢管脚手架…………………………（36）
　43. 什么是承插型盘扣式钢管脚手架?…………………（36）
　44. 承插型盘扣式钢管脚手架盘扣节点是如何组成的?…（36）
　45. 承插型盘扣式钢管脚手架应符合哪些基本规定?……（37）
　46. 承插型盘扣式钢管脚手架的构造应符合哪些
　　　一般规定?…………………………………………（37）
　47. 支撑架的构造应符合哪些规定?……………………（37）
　48. 作业架的构造应符合哪些规定?……………………（39）
　49. 安装与拆除支撑架有哪些规定?……………………（40）
　50. 安装与拆除作业架有哪些规定?……………………（41）

51. 对进入施工现场的承插型盘扣式钢管脚手架构配件的检查与验收应符合哪些规定？……………………（42）
52. 哪些情况下应对支撑架进行检查和验收？…………（43）
53. 支撑架检查和验收应符合哪些规定？………………（43）
54. 哪些情况下应对作业架进行检查和验收？…………（43）
55. 作业架检查和验收应符合哪些规定？………………（44）
56. 承插型盘扣式钢管脚手架安全管理与维护有哪些规定？…………………………………………………（44）

六、模板支撑架……………………………………………（45）

57. 满堂扣件式钢管支撑架怎么构造？…………………（45）
58. 如何拆除模板支撑架？………………………………（48）
59. 满堂扣件式钢管支撑架搭设和拆除的技术要点有哪些？…………………………………………………（49）

第三部分 建筑施工高处作业安全知识……………（50）

一、建筑施工高处作业类型……………………………（50）

60. 建筑施工高处作业包括哪些类型？…………………（50）

二、临边与洞口作业……………………………………（50）

61. 什么是临边作业和洞口作业？………………………（50）
62. 临边作业安全防护应符合哪些基本规定？…………（51）
63. 临边作业防护栏杆的构造应符合哪些规定？………（51）
64. 防护栏杆杆件的规格及连接应符合哪些规定？……（52）
65. 洞口作业安全防护应符合哪些基本规定？…………（52）
66. 电梯井口如何设置安全防护设施？…………………（53）

67. 拆除洞口安全防护设施时有哪些要求？……………（54）
三、攀登与悬空作业……………………………………（54）
68. 什么是攀登作业和悬空作业？……………………（54）
69. 攀登作业有哪些安全要求？………………………（54）
70. 哪些位置禁止攀登作业？…………………………（55）
71. 构件吊装和管道安装时的悬空作业应符合哪些
    规定？………………………………………………（56）
72. 模板支撑体系搭设和拆卸的悬空作业应符合哪些
    规定？………………………………………………（56）
73. 绑扎钢筋和预应力张拉的悬空作业应符合哪些
    规定？………………………………………………（56）
74. 混凝土浇筑与结构施工的悬空作业应符合哪些
    规定？………………………………………………（57）
75. 屋面作业时应符合哪些规定？……………………（57）
76. 外墙作业时应符合哪些规定？……………………（57）
四、操作平台……………………………………………（57）
77. 什么是操作平台？操作平台分哪些种类？………（57）
78. 操作平台应符合哪些一般规定？…………………（59）
79. 移动式操作平台应符合哪些规定？………………（60）
80. 落地式操作平台架体构造应符合哪些规定？……（60）
81. 落地式操作平台搭设和拆除应符合哪些规定？…（61）
82. 落地式操作平台检查与验收应符合哪些规定？…（61）
83. 悬挑式操作平台应符合哪些规定？………………（61）

五、交叉作业 ……………………………………………（62）

84. 什么是交叉作业？…………………………………（62）
85. 交叉作业应遵守哪些一般规定？…………………（62）
86. 安全防护棚搭设应符合哪些规定？………………（64）
87. 安全防护网搭设应符合哪些规定？………………（65）

第四部分　高处作业个体防护知识 ………………（66）

一、安全帽 …………………………………………（66）

88. 什么是安全帽？……………………………………（66）
89. 安全帽是如何分类的？……………………………（67）
90. 安全帽的分类标记有哪些内容？…………………（67）
91. 对安全帽的帽箍、吸汗带、下颏带、附件、帽壳内突出物有哪些要求？………………………………（68）
92. 对安全帽的材料、质量有哪些要求？……………（69）
93. 安全帽的结构尺寸有哪些规定？…………………（69）
94. 安全帽应包括哪些标识？…………………………（70）
95. 如何正确使用安全帽？……………………………（71）

二、安全带 …………………………………………（72）

96. 什么是安全带？……………………………………（72）
97. 安全带由哪些部件组成？…………………………（72）
98. 安全带分为哪几类？………………………………（73）
99. 安全带的标记有哪些规定？………………………（74）
100. 区域限制用安全带应至少包含哪些组成部分？…（75）
101. 区域限制用安全带的性能应符合哪些要求？……（75）

102. 围杆作业用安全带应至少包含哪些组成部分？……（76）

103. 围杆作业用安全带的性能应符合哪些要求？……（76）

104. 坠落悬挂用安全带应至少包含哪些组成部分？……（76）

105. 坠落悬挂用安全带的性能应符合哪些要求？……（76）

106. 安全带标识有哪些规定？……………………………（77）

107. 安全带制造商为每套安全带提供的信息应至少包括哪些内容？……………………………………………（78）

108. 安全带的总体结构应满足哪些要求？………………（79）

109. 如何正确使用和保管安全带？………………………（79）

三、安全网……………………………………………………（80）

110. 什么是安全网？………………………………………（80）

111. 安全网由哪些部分组成？……………………………（80）

112. 安全网包括哪些种类？………………………………（81）

113. 建筑施工安全网的选用应符合哪些规定？…………（81）

114. 如何标记安全网？……………………………………（81）

115. 如何搭设安全网？……………………………………（82）

116. 安全网在使用中的注意事项有哪些？………………（86）

第五部分　高处作业现场安全风险管控与事故应急救援………（88）

一、高处作业现场安全风险管控……………………………（88）

117. 什么是风险点？………………………………………（88）

118. 什么是风险点排查？…………………………………（88）

119. 与安全帽有关的风险点有哪些？整改时限是什么？…（88）

120. 与安全网有关的风险点有哪些？整改时限是什么？…（89）

121. 与安全带有关的风险点有哪些？整改时限是什么？··（89）
122. 临边、洞口防护的风险点有哪些？整改时限是什么？……………………………………………………（89）
123. 通道口防护的风险点有哪些？整改时限是什么？····（90）
124. 攀登作业的风险点有哪些？整改时限是什么？……（90）
125. 悬空作业的风险点有哪些？整改时限是什么？……（90）
126. 移动式操作平台的风险点有哪些？整改时限是什么？……………………………………………………（91）
127. 悬挑式物料钢平台的风险点有哪些？整改时限是什么？……………………………………………………（91）
128. 交叉作业的风险点有哪些？整改时限是什么？……（92）
129. 钢管脚手架的风险点有哪些？整改时限是什么？····（92）
130. 模板支架的风险点有哪些？整改时限是什么？……（94）
131. 高处作业吊篮的风险点有哪些？整改时限是什么？（95）
二、高处作业安全检查……………………………………（96）
132. 安全管理检查评定项目有哪些？…………………（96）
133. 安全管理保证项目的检查评定应符合哪些规定？····（97）
134. 安全管理一般项目的检查评定应符合哪些规定？····（99）
135. 高处作业吊篮检查评定应符合哪些规定？………（100）
136. 高处作业吊篮检查评分表的内容是什么？………（102）
137. 高处作业检查评定应符合哪些规定？……………（103）
138. 高处作业检查评分表的内容是什么？……………（105）
139. 扣件式钢管脚手架检查评定项目有哪些？………（107）

140. 扣件式钢管脚手架保证项目的检查评定应符合哪些规定？ …………………………………………（107）
141. 扣件式钢管脚手架检查评分表的内容是什么？ ……（108）
142. 模板支架检查评定项目有哪些？ ………………………（110）
143. 模板支架保证项目的检查评定应符合哪些规定？ …（110）
144. 模板支架检查评分表的内容是什么？ …………………（112）

三、高处作业事故应急救援…………………………（114）

145. 施工现场伤亡事故的类别有哪些？ ……………………（114）
146. 事故的原因有哪些？ ……………………………………（115）
147. 如何预防高处坠落伤亡事故？ …………………………（118）
148. 施工现场应急救援应遵循哪些原则？ …………………（119）
149. 施工现场应急救援应按照哪些步骤进行？ ……………（120）
150. 高处坠落摔伤应如何进行急救？ ………………………（120）
151. 骨折应如何进行急救？ …………………………………（121）
152. 事故报告应遵守哪些规定？ ……………………………（122）

第一部分 高处作业基础知识

1. 什么是高处作业?

按照国家标准《高处作业分级》(GB/T 3608—2008)中的规定,在距坠落高度基准面 2 m 以上(含 2 m)有可能坠落的高处进行的作业,称为高处作业。

2. 什么是坠落高度基准面?

通过可能坠落范围内最低处的水平面称为坠落高度基准面。

3. 什么是可能坠落范围?

以作业位置为中心,可能坠落范围半径为半径划成的与水平面垂直的柱形空间称为可能坠落范围。

4. 什么是可能坠落范围半径?

为确定可能坠落范围而规定的相对于作业位置的一段水平距离称为可能坠落范围半径。可能坠落范围半径用 R 表示,单位为 m,其大小取决于与作业现场的地形、地势或建筑物分布等有关的基础高度,具体的规定是在统计分析了许多高处坠落事故案例的基础上作出的。

5. 什么是基础高度?

以作业位置为中心，6 m 为半径，划出的垂直于水平面的柱形空间内的最低处与作业位置间的高度差称为基础高度。基础高度用 h_b 表示，单位为 m。

6. 可能坠落范围半径是如何规定的?

可能坠落范围半径（R）根据基础高度（h_b）规定如下：
（1）当 2 m ≤ h_b ≤ 5 m 时，R 为 3 m；
（2）当 5 m < h_b ≤ 15 m 时，R 为 4 m；
（3）当 15 m ≤ h_b ≤ 30 m 时，R 为 5 m；
（4）当 h_b > 30 m 时，R 为 6 m。

7. 什么是高处作业高度?

作业区各作业位置至相应坠落高度基准面的垂直距离中的最大值，称为该作业区的高处作业高度（h_w），如图 1–1 所示。

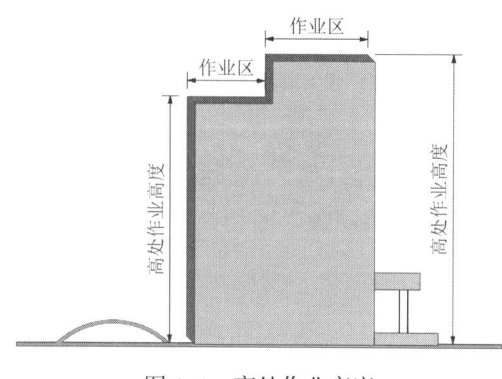

图 1–1　高处作业高度

8. 高处作业高度如何计算？

高处作业高度计算步骤如下：

（1）按照基础高度的定义确定基础高度 h_b；

（2）根据 h_b 确定可能坠落范围半径 R；

（3）按照高处作业高度的定义确定高处作业高度 h_w。

高处作业高度计算如图 1–2 所示，其中 $h_b = 20$ m，$R = 5$ m，$h_w = 20$ m。

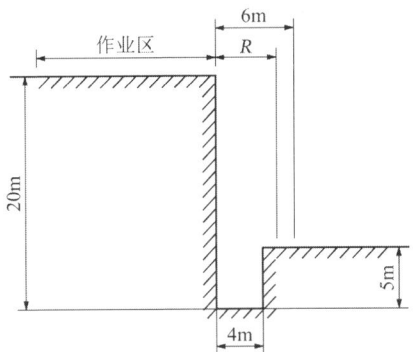

图 1–2　高处作业高度计算

9. 高处作业高度分为哪几个区段？

高处作业高度 h_w 分为 2 m ≤ h_w ≤ 5 m、5 m < h_w ≤ 15 m、15 m < h_w ≤ 30 m 及 h_w > 30 m 4 个区段。

10. 直接引起高处坠落事故的客观危险因素有哪些？

直接引起高处坠落事故的客观危险因素一般包括以下几种：

（1）阵风风力 5 级（风速 8.0 m/s）以上；

(2)高温作业;

(3)平均气温等于或者低于 5 ℃的作业环境;

(4)接触冷水温度等于或者低于 12 ℃的作业;

(5)作业场地有冰、雪、霜、水、油等易滑物;

(6)作业场所光线不足,能见度差;

(7)作业活动范围与危险电压带电体的距离小于表 1-1 的规定;

表 1-1　　作业活动范围与危险电压带电体的距离

危险电压带电体的电压等级/kV	距离/m
≤10	1.7
35	2.0
63~100	2.5
220	4.0
330	5.0
500	6.0

(8)摆动,立足处不是平面或只有很小的平面,即任一边小于 500 mm 的矩形平面、直径小于 500 mm 的圆形平面或具有类似尺寸的其他形状的平面,致使作业人员无法维持正常姿势;

(9)相应强度的体力劳动;

(10)存在有毒气体或空气中氧体积分数低于 19.5 %的作业环境;

(11)可能引起各种灾害事故的作业环境和各种灾害事故的抢险作业。

11. 高处作业施工有哪些基本规定?

《建筑施工高处作业安全技术规范》(JGJ 80—2016)对高处作业

施工作了如下基本规定。

（1）建筑施工中凡涉及临边与洞口作业、攀登与悬空作业、操作平台、交叉作业及安全网搭设的，应在施工组织设计或施工方案中制定高处作业安全技术措施。

（2）高处作业施工前，应按类别对安全防护设施进行检查、验收，验收合格后方可进行作业，并应做好验收记录。验收可分层或分阶段进行。

（3）高处作业施工前，应对作业人员进行安全技术交底，并应记录。应对初次作业人员进行培训。

（4）应根据要求将各类安全警示标志悬挂于施工现场各相应部位，夜间应设红灯警示。高处作业施工前，应检查高处作业的安全标志、工具、仪表、电气设施和设备，确认其完好后，方可进行施工。

（5）高处作业人员应根据作业的实际情况配备相应的高处作业劳动防护用品，并应按规定正确佩戴和使用。

（6）对施工作业现场可能坠落的物料，应及时拆除或采取固定措施。高处作业所用的物料应堆放平稳，不得妨碍通行和装卸。工具应随手放入工具袋；作业中的走道、通道板和登高用具，应随时清理干净；拆卸下的物料及余料和废料应及时清理运走，不得随意放置或向下丢弃。传递物料时不得抛掷。

（7）高处作业应按国家标准《建设工程施工现场消防安全技术规范》（GB 50720—2011）的规定，采取防火措施。

（8）在雨、霜、雾、雪等天气进行高处作业时，应采取防滑、防冻和防雷措施，并应及时清除作业面上的水、冰、雪、霜。

当遇有6级及以上强风、浓雾、沙尘暴等恶劣气候，不得进行露天攀登与悬空作业。雨雪天气后，应对高处作业安全防护设施进行检查，当发现有松动、变形、损坏或脱落等现象时，应立即修理完善，维修合格后方可使用。

（9）对需临时拆除或变动的安全防护设施，应采取可靠措施，作业后应立即恢复。

12. 安全防护设施验收应包括哪些内容?

（1）防护栏杆的设置与搭设。

（2）攀登与悬空作业的用具与设施搭设。

（3）操作平台及平台防护设施的搭设。

（4）防护棚的搭设。

（5）安全网的设置。

（6）安全防护设施、设备的性能与质量，所用的材料，配件的规格。

（7）安全防护设施的节点构造、材质及其与建筑物的固定、连接状况。

13. 安全防护设施验收资料有哪些?

（1）施工组织设计中的安全技术措施或施工方案。

（2）劳动防护用品（用具）、材料和设备产品合格证明。

（3）安全防护设施验收记录。

（4）预埋件隐蔽验收记录。

（5）安全防护设施变更记录。

14. 对安全防护设施有哪些要求?

安全防护设施宜采用定型化、工具化设施，防护栏杆应用黑黄或红白相间的条纹标示，盖件应用黄色或红色标示。

第二部分 登高架设作业安全知识

一、扣件式钢管脚手架

15. 什么是扣件式钢管脚手架?

扣件式钢管脚手架是指为建筑施工而搭设的,承受荷载,由扣件和钢管等构成的脚手架与支撑架,其主要构配件如图2-1所示。

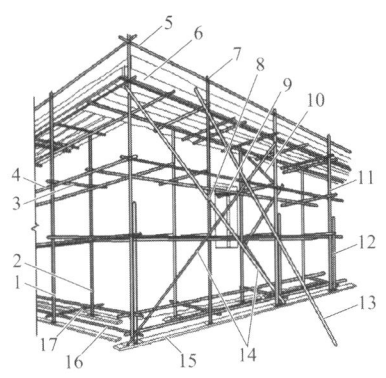

图 2-1 扣件式钢管脚手架主要构配件

1—外立杆 2—内立杆 3—横向水平杆 4—纵向水平杆 5—栏杆 6—挡脚板 7—直角扣件
8—旋转扣件 9—连墙件 10—横向斜撑 11—主立杆 12—副立杆 13—抛撑 14—剪刀撑
15—垫板 16—纵向扫地杆 17—横向扫地杆

扣件式钢管脚手架包括单排扣件式钢管脚手架（简称单排架）、双排扣件式钢管脚手架（简称双排架）、满堂扣件式钢管脚手架（简称满堂脚手架）等。

16. 扣件式钢管脚手架搭设前应该做哪些准备工作？

（1）脚手架搭设前，应按专项施工方案向作业人员进行交底。

（2）应按相关规范的规定和脚手架专项施工方案要求对钢管、扣件、脚手板、可调托撑等进行检查验收，不合格产品不得使用。

（3）经检验合格的构配件应按品种、规格分类，堆放整齐、平稳，堆放场地不得有积水。

（4）应清除搭设场地杂物，平整搭设场地，并使排水畅通。

（5）脚手架地基与基础的施工，必须根据脚手架所受荷载、搭设高度、搭设场地土质情况与国家标准《建筑地基基础工程施工质量验收标准》（GB 50202—2018）的有关规定进行。

（6）压实填土地基应符合国家标准《建筑地基基础设计规范》（GB 50007—2011）的相关规定，灰土地基应符合国家标准《建筑地基基础工程施工质量验收标准》（GB 50202—2018）的相关规定。

（7）立杆垫板或底座底面标高宜高于自然地坪 50～100 mm。

（8）做好设备与工具的准备。

（9）脚手架基础经验收合格后，应按施工组织设计或专项施工方案的要求放线定位。

17. 扣件式钢管脚手架搭设的主要步骤是什么？

应按形成基本构架单元的要求，逐排、逐跨、逐步地搭设脚手架。脚手架一次搭设高度应不超过相邻连墙件以上 2 步。

封圈型脚手架可在其中一个转角的两侧各搭设一个 1~2 根杆长和 1 根杆高的架体,并按规定要求设置剪刀撑或横向斜撑,形成一个稳定的架体(见图 2-2),然后向两边延伸搭设好后,再分步向上搭设。

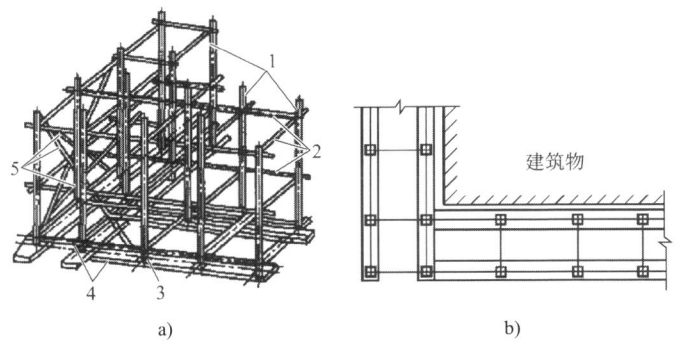

图 2-2 封圈型脚手架搭设
a) 轴测图　b) 平面图
1—立杆　2—水平杆　3—底座　4—垫板　5—剪刀撑

脚手架搭设的主要步骤如下。

(1)清理、检查脚手架基础,定位放线,铺垫板,设置底座或标定立杆位置。

(2)一字形脚手架应从一端向另一端延伸搭设,周边脚手架应从一个角向两边延伸交圈搭设。

(3)放置纵向扫地杆(贴近地面的纵向水平杆)。

(4)按定位依次竖起立杆,将立杆与纵向扫地杆、横向扫地杆连接固定。

(5)装设第一步的纵向水平杆和横向水平杆,与立杆垂直之后予以固定。

(6)按此要求继续向上搭设。

（7）搭设第二步后加设临时抛撑，每隔6跨设1根抛撑，待连墙件固定后拆除。

（8）架高7步以上时，随施工进度逐步加设剪刀撑。剪刀撑、斜撑等整体拉结杆件和连墙件应随脚手架搭设同步设置。

（9）每搭设完一步脚手架后，应当校正步距、纵距、横距和立杆垂直度。

（10）在操作层上铺脚手板，安装防护栏杆和挡脚板，挂设安全网。

18. 扣件式钢管脚手架搭设的安全注意事项有哪些？

（1）脚手架搭设人员必须戴安全帽，系安全带，穿防滑鞋。

（2）脚手架的构配件质量与搭设质量，应按规定进行检查验收，并应确认合格后使用。

（3）脚手架作业层上的荷载，不得超过荷载设计值。

（4）当有6级及以上强风、浓雾、雨或雪天气时，应停止脚手架搭设作业。雨、雪后上架作业，应有防滑措施，并应扫除积雪。

（5）夜间不宜进行脚手架搭设作业。

（6）脚手架的安全检查与维护，应按相关规定进行。

（7）脚手板应铺设牢靠、严实，并应用安全网双层兜底。施工层以下每隔10 m应用安全网封闭。

（8）单排架、双排架及型钢悬挑脚手架沿架体外围应用密目式安全立网全封闭，密目式安全立网宜设置在脚手架外立杆的内侧，并应与架体绑扎牢固。

（9）满堂脚手架在安装过程中，应采取防倾覆的临时固定措施。

（10）临街搭设脚手架时，外侧应有防止坠物伤人的防护措施。

（11）在脚手架上进行电焊、气焊作业时，应有防火措施，并派专人看守。

（12）工地临时用电线路的架设及脚手架接地、避雷措施等，应按行业标准《施工现场临时用电安全技术规范》（JGJ 46—2005）的有关规定执行。

（13）搭设脚手架时，地面应设围栏和警戒标志，并应派专人看守，严禁非作业人员入内。

19. 什么是型钢悬挑脚手架?

型钢悬挑脚手架是指其垂直方向荷载通过底部型钢支承架传递到主体结构上的施工用外脚手架，由型钢支承架、扣件式钢管脚手架及连墙件等组合而成，其构造如图 2-3 所示。

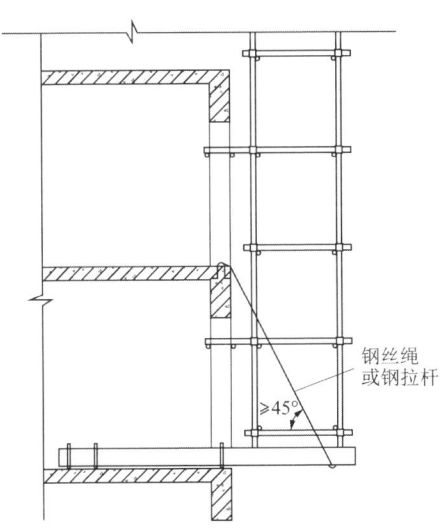

图 2-3　型钢悬挑脚手架构造

20. 型钢悬挑脚手架搭设时有哪些规定?

（1）一次悬挑脚手架高度不宜超过 20 m。

（2）型钢悬挑梁宜采用双轴对称截面的型钢。型钢悬挑梁型号及锚固件应按设计确定，悬挑梁截面高度应不小于 160 mm。悬挑梁尾端应在两处及以上固定于钢筋混凝土梁板结构上。锚固型钢悬挑梁的 U 形钢筋拉环或锚固螺栓直径不宜小于 16 mm。

（3）用于锚固的 U 形钢筋拉环或锚固螺栓应采用冷弯成型。U 形钢筋拉环、锚固螺栓与型钢间隙应用钢楔或硬木楔楔紧。

（4）每个型钢悬挑梁外端宜设置钢丝绳或钢拉杆与上一层建筑结构斜拉结。钢丝绳、钢拉杆不参与悬挑梁受力计算；钢丝绳与建筑结构拉结的吊环应使用 HPB235 级钢筋，其直径不宜小于 20 mm，吊环预埋锚固长度应符合国家标准《混凝土结构设计标准》（GB/T 50010—2010）中钢筋锚固的规定。

（5）型钢悬挑梁悬挑长度应按设计确定，固定段长度应不小于悬挑段长度的 1.25 倍。型钢悬挑梁固定端应采用 2 个（对）及以上 U 形钢筋拉环或锚固螺栓与建筑结构梁板固定，U 形钢筋拉环或锚固螺栓应预埋至混凝土梁、板底层钢筋位置，并应与混凝土梁、板底层钢筋焊接或绑扎牢固，其锚固长度应符合国家标准《混凝土结构设计标准》（GB/T 50010—2010）中钢筋锚固的规定。

（6）型钢悬挑梁悬挑端应设置能使脚手架立杆与钢梁可靠固定的定位点，定位点离悬挑梁端部应不小于 100 mm。

（7）锚固位置设置在楼板上时，楼板的厚度不宜小于 120 mm。如果楼板的厚度小于 120 mm，应采取加固措施。

（8）悬挑梁间距应按悬挑架架体立杆纵距设置，每一纵距设置一根。

（9）悬挑架的外立面剪刀撑应自下而上连续设置。剪刀撑设置应符合相关规范的规定。

21. 扣件式钢管脚手架如何拆除？

（1）拆除准备工作

1）应全面检查脚手架的扣件连接、连墙件、支撑体系等是否符合构造要求，如果存在问题，必须加固。

2）应清除脚手架上的杂物及地面障碍物。

3）应根据检查结果补充完善脚手架专项施工方案中的拆除顺序和措施，经审批后方可实施。

4）拆除前应向作业人员进行交底，说明拆除注意事项。交底应有记录，交底内容应有针对性。

5）拆除前施工现场应设置警戒围栏，现场技术管理人员和安全管理人员应对拆除作业进行巡查，及时纠正违规作业。

（2）拆除程序

1）拆除脚手架严禁上下同时作业。应由上而下按步逐层拆除。同层杆件和构配件应按先外后内的顺序拆除，剪刀撑、斜撑等加固杆件应在拆到该部位杆件时拆除；先拆架面材料，后拆构架材料；先拆结构件，后拆连墙件。连墙件应随架体逐层、同步拆除，不应先将连墙件整层或数层拆除后再拆架体。

2）拆除脚手架的一般流程：拆安全网→拆防护栏杆→拆挡脚板→拆脚手板→拆横向水平杆→拆纵向水平杆→拆剪刀撑→拆连墙件→拆立杆→杆件传递至地面→清除杆件→按规定堆码→拆横向扫地杆→拆纵向扫地杆→拆底座→拆垫板。

22. 扣件式钢管脚手架拆除的安全注意事项有哪些?

（1）拆除过程中，应指派一名责任心强、技术水平高的人员担任指挥，保障拆除工作的安全。

（2）作业人员应戴好安全帽、工作手套，上架作业时应穿防滑鞋，衣服应轻便，高处作业必须系安全带。

（3）拆杆和放杆时必须2~3人协同操作。拆纵向水平杆时，应由站在中间的人将杆向下传递，下方人员接到杆拿稳拿牢后，上方人员才能松手。严禁往下抛掷构配件。

（4）拆除过程中遇有管线阻碍时，不得任意割移，同时应注意避免踩在滑动的杆件上操作。

（5）扣件必须从钢管上拆下，不准将扣件留在被拆下的钢管上。

（6）作业人员应配备工具袋，工具用后必须放在工具袋内。手拿钢管时，不准同时拿扳手等工具。

（7）拆除过程中不准坐在脚手架上或不安全的地方休息，严禁嬉戏打闹。

（8）拆除过程中如更换作业人员，必须重新进行交底。

（9）拆下来的杆件和扣件应随拆、随清、随运，并应分类、分堆、分规格码放整齐，应采取防水措施，以防雨后生锈。

（10）严禁在夜间进行脚手架拆除作业。

（11）拆除过程中若发现问题，应及时与技术部门联系，以便迅速纠正。

（12）在电力线路附近拆除脚手架时，应停电进行；不能停电时，应采取有效的防护措施。

23. 脚手架及其地基基础应在哪些阶段进行检查与验收？

（1）基础完工后及脚手架搭设前。

（2）作业层上施加荷载前。

（3）每搭设完 6～8 m 高度后。

（4）达到设计高度后。

（5）遇有 6 级及以上强风或大雨后，冻结地区解冻后。

（6）停用超过一个月。

24. 脚手架使用中应定期检查哪些内容？

（1）杆件的设置和连接，连墙件、支撑、门洞桁架等的构造应符合相关规范和专项施工方案的要求。

（2）地基应无积水，底座应无松动，立杆应无悬空。

（3）扣件螺栓应无松动。

（4）高度在 24 m 以上的双排架、满堂脚手架，其立杆的沉降与垂直度的偏差应符合规定。

（5）安全防护措施应符合相关规范的规定。

（6）应无超载使用情况。

二、碗扣式钢管脚手架

25. 碗扣式钢管脚手架的碗扣节点由哪些构件组成？

碗扣式钢管脚手架是指节点采用碗扣方式连接的钢管脚手架，根据其用途主要可分为双排脚手架和模板支撑架两类。碗扣式钢管脚手架的核心构件是碗扣节点。碗扣节点由上碗扣、下碗扣、水平杆接头和限位销等组成,如图2-4所示。

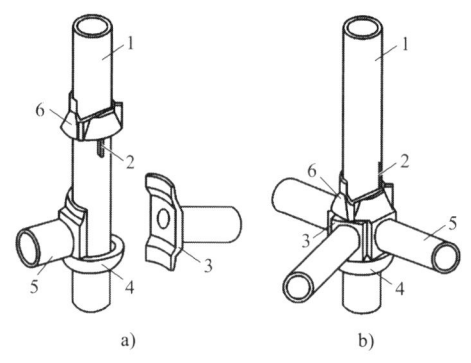

图 2-4 碗扣节点
a) 连接前 b) 连接后
1—立杆 2—限位销 3—水平杆接头 4—下碗扣 5—水平杆 6—上碗扣

26. 碗扣式钢管脚手架搭设的基本流程是什么?

碗扣式钢管脚手架的搭设应当分段进行,每段搭设后必须经过检查验收合格,方可投入使用。

脚手架搭设顺序:放置垫板→搭设立杆底座→搭设立杆→搭设水平杆→搭设斜杆→设置连墙件→接头锁紧→搭设上层立杆→插入立杆连接销→搭设水平杆。

27. 碗扣式钢管脚手架搭设前应该做哪些准备?

(1)脚手架施工前应根据建筑结构的实际情况,编制专项施工方案,并应经审核批准后方可实施。

(2)搭设脚手架前,施工管理人员应根据专项施工方案的要求,对作业人员进行安全技术交底。

（3）进入施工现场的脚手架构配件，使用前应对其质量进行复检，不合格产品不得使用。

（4）对经检验合格的构配件，应按品种、规格分类码放，并应标识数量和规格。构配件堆放场地排水应畅通，不得有积水。

（5）当连墙件采用预埋方式设置时，应按设计要求预埋。

（6）脚手架搭设场地必须平整、坚实，有排水措施。

28. 碗扣式钢管脚手架的地基和基础怎么处理？

（1）脚手架基础必须按专项施工方案进行施工，根据地基承载力要求按相关规定进行验收。

（2）当地基土不均匀或原位土承载力不满足要求或基础为软弱地基时，应进行处理。

（3）地基施工完成后，应检查地基表面平整度，平整度偏差不得大于 20 mm。

（4）地基和基础验收合格后，应按专项施工方案的要求放线定位。

29. 碗扣式钢管脚手架如何搭设？

（1）接头组装。接头是立杆同水平杆、斜杆的连接装置，应确保接头锁紧。组装时，先将上碗扣置于限位销上，将水平杆接头、斜杆接头等插入下碗扣，使接头弧面与立杆紧密贴合，待全部接头插入后，将上碗扣沿限位销扣下，并用锤子沿切线方向顺时针敲击上碗扣凸头，直至上碗扣被限位销卡紧不再转动为止。

（2）设置起步立杆，安装扫地杆。基础验收合格后，按照专项施工方案设计的脚手架立杆位置放线定位。根据放线情况，安装立杆垫板和可调底座，设置起步立杆。立杆垫板宜采用长度不少于两跨、宽度不小于 200 mm、厚度不小于 50 mm 的木垫板。底座的轴线应当与地面垂直。在地势不平的地基上，或高层的重载脚手架，其立杆应采用可调底座，以便调整起步立杆的高度，使立杆的碗扣接头都处于同一水平面上，如图 2–5 所示。

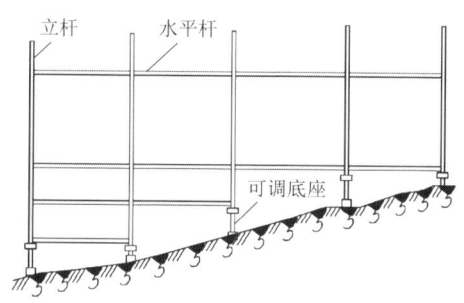

图 2–5 起步立杆在地势不平的地基上的布置

在平整地基上，脚手架起步立杆应采用不同型号的杆件交错布置，架体相邻立杆接头应错开设置，不应设置在同步内，如图 2–6 所示。

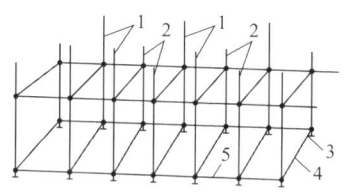

图 2–6 起步立杆在平整地基上的布置

1—第一种型号立杆 2—第二种型号立杆 3—立杆底座 4—横向扫地杆 5—纵向扫地杆

在立杆的底部碗扣处应设置一道纵向水平杆、横向水平杆作为扫地杆，扫地杆距离地面高度应不超过 400 mm，并应与相邻立杆连接牢固。

（3）安装底层（第一步）水平杆。碗扣式钢管脚手架的步高取600 mm 的倍数，将水平杆接头插入立杆的下碗扣内，然后将上碗扣沿限位销扣下，并顺时针旋转，靠上碗扣螺旋面使之与限位销顶紧，将水平杆与立杆牢固地连在一起，形成框架结构。

（4）安装斜杆。斜杆可采用碗扣式钢管脚手架的配套斜杆，也可以采用钢管和扣件代替。

当用碗扣式钢管脚手架的配套斜杆时，斜杆应尽可能设置在框架节点上，装成节点斜杆；若斜杆不能设置在节点上，应呈错节布置，装成非节点斜杆，如图 2-7 所示。节点斜杆即斜杆接头同水平杆接头装在同一碗扣内，非节点斜杆即斜杆接头同水平杆接头不装在同一碗扣内。

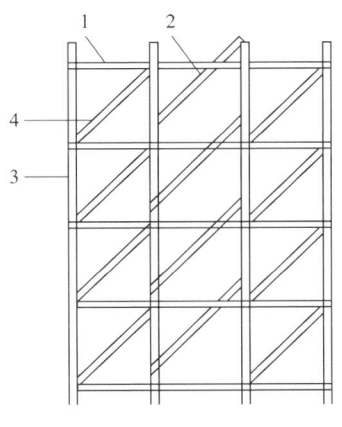

图 2-7 斜杆布置

1—水平杆 2—非节点斜杆 3—立杆 4—节点斜杆

利用钢管和扣件安装斜杆时，斜杆的设置更加灵活，不受碗扣接头内允许装设杆件数量的限制，特别适用于安装竖向剪刀撑、水平剪刀撑。此外，用钢管和扣件安装斜杆还能改善脚手架的受力性能。

（5）安装连墙件。连墙件必须随脚手架高度上升及时在规定位置处设置。

（6）作业层搭设。作业层脚手板必须铺满、铺稳、铺实，外侧应设高度不低于 180 mm 的挡脚板，并在 600 mm 和 1 200 mm 高的碗扣节点处搭设两道防护栏杆。

当脚手板采用碗扣式钢管脚手架配套设计的钢脚手板时，脚手板的挂钩必须完全落入横向水平杆上，不允许浮放；木脚手板、竹串片脚手板、竹芭脚手板两端应与水平杆绑牢，脚手板探头长度应不大于 150 mm。

（7）接立杆，安装水平杆、斜杆。立杆的接长是靠焊于立杆顶部的连接管承插而成的。立杆插入后，上部立杆底端连接孔应与下部立杆顶端连接孔对齐，再插入立杆连接销锁定即可。

安装水平杆、斜杆，重复以上操作，并随时检查、调整脚手架的垂直度。

（8）人员上下专用梯道或坡道搭设。人员上下专用梯道或坡道搭设如图 2-8 所示，人行梯道的坡度不宜大于 1∶1，人行坡道的坡度不宜大于 1∶3。人行梯道或人行坡道两侧及转弯平台应设置脚手板、防护栏杆和安全网。人行梯道或人行坡道应与架体连接固定，其脚手板下（见图 2-8 中 A 点、B 点、C 点）必须增设水平杆。

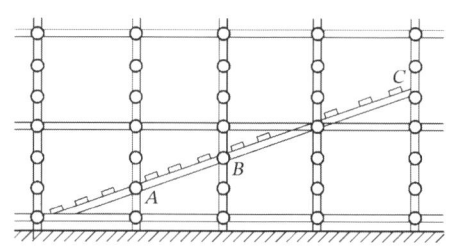

图 2-8　人员上下专用梯道或坡道搭设

（9）安全网安装。碗扣式钢管脚手架配备有安全网支架件，可直接用碗扣接头将其固定在脚手架上。

30. 碗扣式钢管脚手架搭设有哪些技术要求?

（1）搭设双排脚手架应按立杆、水平杆、斜杆、连墙件的顺序逐层搭设。

（2）双排脚手架的搭设应分阶段进行，每段搭设后，必须经检查验收合格，方可投入使用。

（3）双排脚手架的搭设应与建筑物的施工同步上升，立杆顶端防护栏杆宜高出作业层 1.5 m。

（4）当双排脚手架内外侧加挑梁时，在一跨挑梁范围内不得超过一名作业人员操作，且严禁堆放物料。

（5）双排脚手架连墙件必须随架体升高及时在规定的位置处设置，严禁任意拆除连墙件。

（6）作业层脚手板下应采用安全平网兜底，外侧应采用密目式安全立网进行封闭。

31. 碗扣式钢管脚手架怎么拆除?

（1）拆除脚手架时，必须按专项施工方案，在专人统一指挥下进行。

（2）拆除作业前，施工管理人员应对作业人员进行安全技术交底。

（3）拆除脚手架时，必须划出安全区，并设置警戒标志，派专人看管。

（4）拆除脚手架前，应清理作业层上的施工机具及多余的材料和杂物。

（5）架体拆除应按自上而下的顺序按步逐层进行，不应上下层同时作业。

（6）脚手架连墙件应随架体逐层、同步拆除，不应先将连墙件整层或数层拆除后再拆架体。

（7）拆除的脚手架构配件应采用起重设备吊运或人工传递到地面，严禁抛掷。

（8）当脚手架分段、分立面拆除时，应确定分界处的技术处理措施，分段后的架体应稳定。

（9）拆除的脚手架构配件应分类堆放，并应便于运输、维护和保管。

32. 碗扣式钢管脚手架施工过程中的安全注意事项有哪些？

（1）脚手架作业层上的荷载不得超过荷载设计值。

（2）严禁将支撑脚手架、混凝土输送泵管、缆风绳、卸料平台及大型设备的支承件等固定在作业脚手架上。

（3）遇6级及以上强风、浓雾、雨或雪天气时，应停止脚手架的搭设与拆除作业。

（4）在影响脚手架地基安全的范围内，严禁进行挖掘作业。

（5）脚手架应与输电线路保持安全距离，施工现场临时用电线路架设及脚手架接地防雷措施等应符合行业标准《施工现场临时用电安全技术规范》（JGJ 46—2005）的规定。

（6）脚手架搭设和拆除人员必须经岗位作业能力培训考核合格后，方可持证上岗。

（7）搭设和拆除脚手架的作业人员应正确佩戴安全帽，系安全带，穿防滑鞋。

三、门式钢管脚手架

33. 什么是门式钢管脚手架?

门式钢管脚手架是由门架、交叉支撑、连接棒、水平架、锁臂、底座等组成基本结构,再用水平加固杆、剪刀撑、扫地杆加固,能承受相应荷载,具有安全防护功能,为建筑施工提供作业条件的一种定型化钢管脚手架,如图2-9所示。门式钢管脚手架包括门式作业脚手架和门式支撑架。

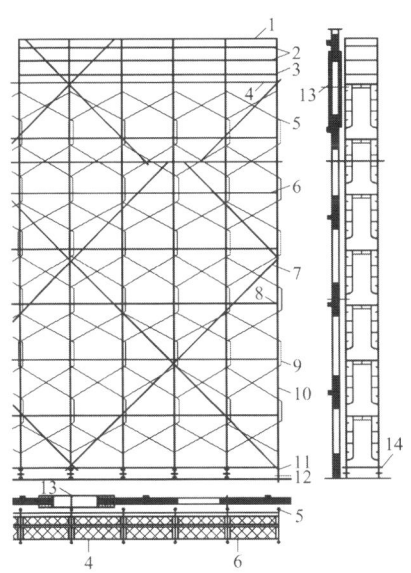

图2-9 门式钢管脚手架

1—扶手 2—防护栏杆 3—挡脚板 4—挂扣式脚手板 5—门架 6—水平加固杆
7—剪刀撑 8—连接棒 9—锁臂 10—交叉支撑 11—纵向扫地杆 12—底座
13—连墙件 14—横向扫地杆

门式钢管脚手架是一种标准化钢管脚手架,其主要构配件大部分由厂家定型生产,其他部件难以替代。

34. 搭设门式钢管脚手架前应做好哪些施工准备?

(1)门式钢管脚手架搭设作业前,应根据工程特点编制专项施工方案,经审核批准后方可实施。专项施工方案应向作业人员进行安全技术交底,并应由安全技术交底双方书面签字确认。

(2)门式钢管脚手架搭设施工的专项施工方案,应包括下列内容:

1)工程概况、设计依据、搭设条件、搭设方案设计;

2)搭设施工图(包括架体的平面图、立面图、剖面图,脚手架连墙件的布置及构造图,脚手架转角、通道口的构造图,脚手架斜梯布置及构造图,重要节点构造图);

3)基础做法及要求;

4)架体搭设的程序和方法;

5)季节性施工措施;

6)质量保证措施;

7)架体搭设的安全技术措施;

8)设计计算书;

9)悬挑脚手架搭设方案设计;

10)应急预案。

(3)门架与配件、加固杆等在使用前应进行检查和验收。

(4)经检验合格的构配件及材料应按品种、规格分类堆放整齐、平稳。

（5）对搭设场地应进行清理、平整，并应做好排水。

35. 门式钢管脚手架搭设要点包括哪些？

（1）门式钢管脚手架搭设程序：放线定位→铺放垫木（板）→拉线、放底座→自一端起立门架并装剪刀撑→装水平架（或脚手板）→装钢梯→需要时装设通常的纵向水平杆→装设连墙件→照上述步骤逐层向上安装→装加强整体刚度的长剪刀撑→装设顶部栏杆。

（2）门式钢管脚手架的搭设程序应符合下列规定：

1）作业脚手架的搭设应与施工进度同步，一次搭设高度不宜超过最上层连墙件2步，且自由高度应不大于4m；

2）支撑架应采用逐列、逐排和逐层的方法搭设；

3）门架的组装应自一端向另一端延伸，应自下而上按步架设，并应逐层改变搭设方向，如图2-10所示；

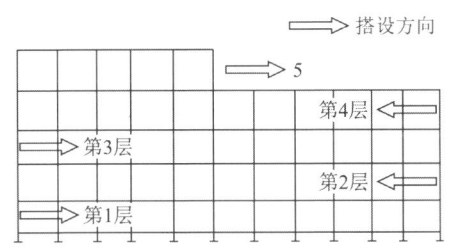

图2-10　搭设门架的正确方向

4）每搭设完2步门架后，应校验门架的水平度及立杆的垂直度。

（3）搭设门架及配件应符合下列规定：

1）交叉支撑、水平架、脚手板应与门架同时安装；

2）连接门架的锁臂、挂钩应处于锁住状态；

3）钢梯的设置应符合专项施工方案组装布置图的要求，底层钢梯底部应加设钢管，并应采用扣件与门架立杆扣紧；

4）在施工作业层外侧周边应设置 180 mm 高的挡脚板和两道栏杆，上道栏杆高度应为 1.2 m，下道栏杆应居中设置，挡脚板和栏杆均应设置在门架立杆的内侧。

（4）加固杆的搭设应符合下列规定：

1）水平加固杆、剪刀撑斜杆等加固杆件应与门架同步搭设；

2）水平加固杆应设于门架立杆内侧，剪刀撑斜杆应设于门架立杆外侧。

（5）门式作业脚手架连墙件的安装应符合下列规定：

1）连墙件应随脚手架搭设进度同步进行安装；

2）当操作层高出相邻连墙件以上 2 步时，在上层连墙件安装完毕前，应采取临时拉结措施，直到上一层连墙件安装完毕后，方可根据实际情况拆除。

（6）加固杆、连墙件等杆件与门架采用扣件连接时，应符合下列规定：

1）扣件规格应与所连接钢管的外径相匹配；

2）扣件螺栓拧紧力矩值应为 40～65 N·m；

3）杆件端头伸出扣件盖板边缘长度应不小于 100 mm。

（7）悬挑脚手架的搭设应符合有关规定，搭设前应检查预埋件和支撑型钢悬挑梁的混凝土强度。

（8）门式作业脚手架通道口的斜撑杆、托架梁及通道口两侧门架立杆的加强杆件应与门架同步搭设。

（9）门式支撑架的可调底座、可调托座宜采取防止砂浆、水泥浆等污物填塞螺纹的措施。

36. 拆除门式钢管脚手架前应检查哪些内容？

（1）在拆除门式钢管脚手架前，应检查架体构造、连墙件设置、节点连接情况。当发现连墙件、加固杆缺失，拆除过程中架体可能倾斜失稳时，应先行加固后再拆除。

（2）拆除前应明确拆除程序和拆除方法。

（3）在拆除作业前，应对拆除作业场地及周围环境进行检查，拆除作业区内应无障碍物，并对作业场地邻近的输电线路等采取防护措施。

37. 门式钢管脚手架拆除要点包括哪些？

（1）架体拆除应按专项施工方案实施，并应在拆除前做好下列准备工作：

1）应对将拆除的架体进行拆除前的检查；

2）应根据拆除前的检查结果补充完善专项施工方案；

3）应清除架体上的材料、杂物及作业面的障碍物。

（2）拆除作业应符合下列规定：

1）架体的拆除应从上而下逐层进行；

2）同层构配件和杆件应按先外后内的顺序拆除，剪力撑、斜撑杆等加固杆件应在拆卸至该部位杆件时再拆除；

3）连墙件应随门式作业脚手架逐层拆除，不得先将连墙件整层或数层拆除后再拆架体；

4）拆除作业过程中，当架体的自由高度大于 2 步时，应加设临时拉结。

（3）拆卸连接部件时，应先将止退装置旋转至开启位置，然后拆除，不得硬拉、敲击。拆除作业中，不应使用手锤等硬物击打、撬别。

（4）当分段拆除门式作业脚手架时，应先对不拆除部分架体的两端加固，再进行拆除作业。

（5）门架与配件应采用机械或人工运至地面，严禁抛掷。

（6）拆卸的门架与配件、加固杆等不得集中堆放在未拆架体上，应及时检查、整修与保养，宜按品种、规格分别存放。

38. 门式钢管脚手架施工过程中的安全注意事项有哪些？

（1）搭拆门式钢管脚手架应由架子工担任，架子工应经岗位作业能力培训考核合格后，持证上岗。

（2）搭拆架体时，施工作业层应临时铺设脚手板，作业人员应站在临时铺设的脚手板上进行作业，并应按规定穿戴和使用劳动防护用品。

（3）门式钢管脚手架作业层上的荷载不得超过设计荷载。

（4）严禁将支撑脚手架、缆风绳、混凝土输送泵管、卸料平台及大型设备的支承件等固定在作业脚手架上。

（5）6 级及以上强风天气应停止架上作业；雨、雪、雾天应停止脚手架的搭拆作业；雨、雪、霜后上架作业应采取有效的防滑措施，并应扫除积雪。

（6）当预见可能有强风天气所产生的风压值超出设计的基本风

压值时，应对架体采取临时加固等防风措施。

（7）立杆基础下及附近不宜进行挖掘作业。

（8）门式支撑架的交叉支撑和加固杆，在施工期间禁止拆除。

（9）门式作业脚手架在使用期间，不应拆除加固杆、连墙件、转角处连接杆、通道口斜撑杆等加固杆件。

（10）应避免装卸物料对脚手架产生偏心荷载、振动荷载和冲击荷载。

（11）门式作业脚手架外侧应设置密目式安全立网，网间应严密。

（12）门式作业脚手架与架空输电线路的安全距离、工地临时用电线路架设及作业脚手架接地、防雷措施，应按行业标准《施工现场临时用电安全技术规范》（JGJ 46—2005）的有关规定执行。

（13）在门式钢管脚手架上进行电气焊和其他动火作业时，应采取防火措施，并设专人监护。

（14）不得攀爬门式作业脚手架。

（15）搭拆门式钢管脚手架时，应设置警戒线、警戒标志，并派专人监护，严禁非作业人员入内。

（16）对门式钢管脚手架应进行日常性的检查和维护，架体上的建筑垃圾或杂物应及时清理。

四、工具式脚手架

39. 什么是高处作业吊篮？

高处作业吊篮是悬挂机构架设于建筑物或构筑物上，利用提升机构驱动悬吊平台，通过钢丝绳沿建筑物或构筑物立面升降的施工设备，也是为作业人员设置的作业平台。高处作业吊篮的组成如图2-11所示。

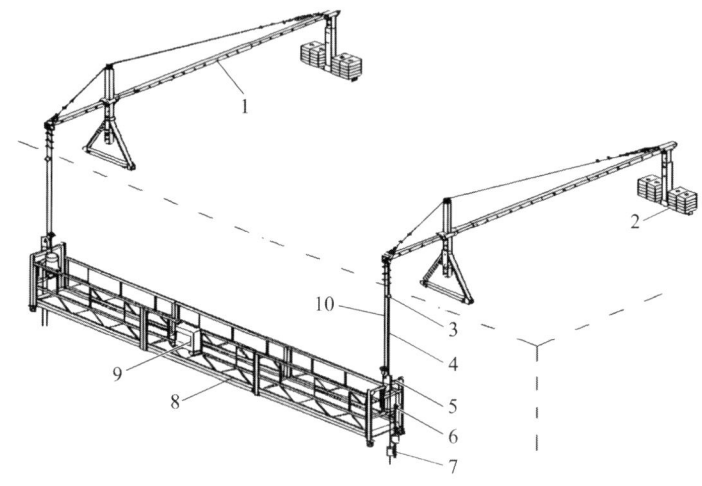

图2-11 高处作业吊篮的组成
1—悬挂机构 2—配重 3—上限位块 4—安全钢丝绳 5—安全锁 6—提升机
7—重锤 8—悬吊平台 9—电气控制柜 10—工作钢丝绳

40. 高处作业吊篮安装时应该注意什么问题？

（1）高处作业吊篮由悬挂机构、吊篮平台、提升机构、防坠落机构、电气控制系统、钢丝绳和配套附件、连接件构成。

（2）吊篮平台应能通过提升机构沿动力钢丝绳升降。

（3）吊篮悬挂机构前后支架的间距，应能随建筑物外形变化进行调整。

（4）高处作业吊篮安装时应按专项施工方案，在专业人员的指导下实施。

（5）安装作业前，应划定安全区域，并应排除作业障碍。

（6）高处作业吊篮组装前应确认结构件、紧固件已配套且完好，其规格、型号和质量应符合设计要求。

（7）高处作业吊篮所用的构配件应是同一厂家的产品。

（8）在建筑物屋面上进行悬挂机构的组装时，作业人员应与屋面边缘保持 2 m 以上的距离。组装场地狭小时，应采取防坠落措施。

（9）悬挂机构宜采用刚性连接方式进行拉结固定。

（10）前梁外伸长度应符合高处作业吊篮使用说明书的规定。

（11）悬挑横梁应前高后低，前后水平高差应不大于横梁长度的 2%。

（12）安装时钢丝绳应沿建筑物立面缓慢下放至地面，不得抛掷。

（13）当使用 2 个以上的悬挂机构时，悬挂机构吊点水平间距与吊篮平台的吊点间距应相等，其误差应不大于 50 mm。

（14）安装任何形式的悬挑结构，其施加于建筑物或构筑物支承处的作用力，均应符合建筑结构的承载能力，不得对建筑物和其他设施造成破坏和不良影响。

（15）高处作业吊篮安装和使用时，在 10 m 范围内如有高压输电线路，应按照行业标准《施工现场临时用电安全技术规范》（JGJ 46—2005）的规定，采取隔离措施。

41. 外挂防护架应该如何安装？

（1）应根据专项施工方案的要求，在建筑结构上设置预埋件。预埋件应经验收合格后方可浇筑混凝土，并应做好隐蔽工程记录。

（2）安装防护架时，应先搭设操作平台。

（3）防护架应配合施工进度搭设，一次搭设的高度应不超过相邻连墙件以上 2 个步距。

（4）每搭完一步架后，应校正步距、纵距、横距及立杆的垂直度，确认合格后方可进行下道工序。

（5）竖向桁架安装宜在起重机械辅助下进行。

（6）同一片防护架的相邻立杆的对接扣件应交错布置，在高度方向错开的距离不宜小于 500 mm，各接头中心至主节点的距离不宜大于步距的 1/3。

（7）纵向水平杆应通长设置，不得搭接。

（8）当安装防护架的作业层高出辅助架 2 步时，应搭设临时连墙杆，待防护架提升时方可拆除。临时连墙杆可采用 2.5～3.5 m 长的钢管，一端与防护架第三步相连，另一端与建筑结构相连。每片架体与建筑结构连接的临时连墙杆不得少于 2 处。

（9）防护架应将设置在桁架底部的三角臂和上部的刚性连墙件及柔性连墙件分别与建筑物上的预埋件相连接。根据不同的建筑结构形式，防护架的固定位置可分为在建筑结构边梁处、檐板处和剪力墙处，如图 2-12 所示。

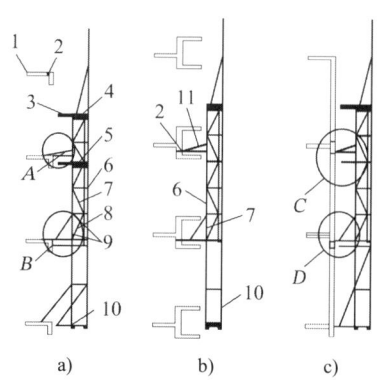

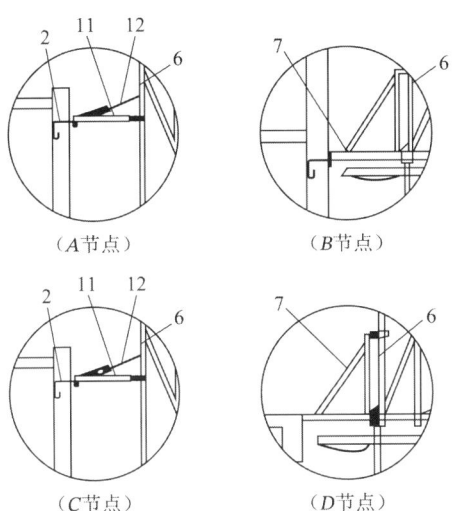

图 2-12 防护架的固定位置

a) 在建筑结构边梁处　　b) 在建筑结构檐板处　　c) 在建筑结构剪力墙处

1—建筑物　2—预埋件　3—施工层水平防护　4—相邻桁架之间连接钢管　5—水平硬防护
6—竖向桁架　7—三角臂　8—水平软防护　9—连接在桁架底部的双钢管　10—架体
11—刚性连墙件　12—柔性连墙件

42. 工具式脚手架施工安全管理包括哪些内容？

（1）专项施工方案应包括下列内容：

1）工程特点；

2）平面布置情况；

3）安全措施；

4）特殊部位的加固措施；

5）工程结构受力核算；

6）安装、提升、拆除程序及措施；

7）使用规定。

（2）工具式脚手架专业施工单位应当建立健全安全管理制度，制定相应的安全操作规程和检验规程，以及设计、制作、安装、升降、使用、拆除和日常维护保养等的管理规定。

（3）工具式脚手架专业施工单位应配备专业技术人员、安全管理人员及相应的特种作业人员。特种作业人员应经专门培训，并经建设行政主管部门考核合格，取得相应资格证书后，方可上岗作业。

（4）施工现场使用工具式脚手架应由总承包单位统一监督，并应符合下列规定：

1）安装、升降、使用、拆除等作业前，应向有关作业人员进行安全教育，并应监督对作业人员的安全技术交底；

2）应对专业承包单位人员的配备和特种作业人员的资格进行审查；

3）安装、升降、拆卸等作业时，应派专人进行监督；

4）应组织工具式脚手架的检查验收；

5）应定期对工具式脚手架使用情况进行安全巡检。

（5）监理单位应对施工现场的工具式脚手架使用状况进行安全监理并记录，出现隐患应要求及时整改，并应符合下列规定：

1）应对专业承包单位的资质及有关人员的资格进行审查；

2）安装、升降、拆除等作业时，应进行监理；

3）应参加工具式脚手架的检查验收；

4）应定期对工具式脚手架使用情况进行安全巡检；

5）发现存在事故隐患时，应要求限期整改，对拒不整改的，及时向建设单位和建设行政主管部门报告。

（6）工具式脚手架所使用的电气设施、线路及接地、避雷措施等应符合行业标准《施工现场临时用电安全技术规范》（JGJ 46—2005）的规定。

（7）进入施工现场的附着式升降脚手架产品应具有国务院建设行政主管部门组织鉴定或验收的合格证书，并应符合相关规定。

（8）工具式脚手架的防坠落装置应经法定检测机构标定后方可使用；使用过程中，使用单位应定期对其有效性和可靠性进行检测。安全装置受冲击荷载后，应进行解体检验。

（9）临街搭设时，外侧应有防止坠落物伤人的防护措施。

（10）安装、拆除时，在地面应设有围栏和警戒标志，并应派专人看守，非作业人员不得入内。

（11）在工具式脚手架使用期间，不得拆除下列杆件：

1）架体上的杆件；

2）与建筑物连接的各类杆件（如连墙件、附墙支座）等。

（12）作业层上的施工荷载应符合设计要求，不得超载。不得将模板支架、缆风绳、泵送混凝土和砂浆的输送管等固定在架体上，不得用其悬挂起重设备。

（13）遇5级以上大风和雨天，不得提升或下降工具式脚手架。

（14）当施工中发现工具式脚手架故障或存在事故隐患时，应及时排除；可能危及人身安全时，应停止作业。应由专业人员进行整改。整改后的工具式脚手架应重新进行验收检查，合格后方可使用。

（15）剪刀撑应随立杆同步搭设。

（16）扣件的螺栓拧紧力矩应不小于40 N·m，且应不大于65 N·m。

（17）各地建筑安全主管部门及产权单位和使用单位应对工具式脚手架建立设备技术档案，其主要内容应包含机型、编号、出厂日期、验收记录、检修记录、试验记录及故障、事故情况。

（18）工具式脚手架在施工现场安装完成后应进行整机检测。

（19）工具式脚手架作业人员在施工过程中应戴安全帽，系安全带，穿防滑鞋，酒后不得上岗作业。

五、承插型盘扣式钢管脚手架

43. 什么是承插型盘扣式钢管脚手架？

承插型盘扣式钢管脚手架是立杆之间采用外套管或内插管连接，水平杆和斜杆采用杆端扣接头卡入连接盘，用楔形插销连接，能承受相应的荷载，并具有作业安全和防护功能的结构架体。根据用途，承插型盘扣式钢管脚手架可分为支撑脚手架（简称支撑架）和作业脚手架（简称作业架）。

44. 承插型盘扣式钢管脚手架盘扣节点是如何组成的？

盘扣节点应由焊接于立杆上的连接盘、水平杆扣接头和斜杆扣接头组成，如图 2–13 所示。

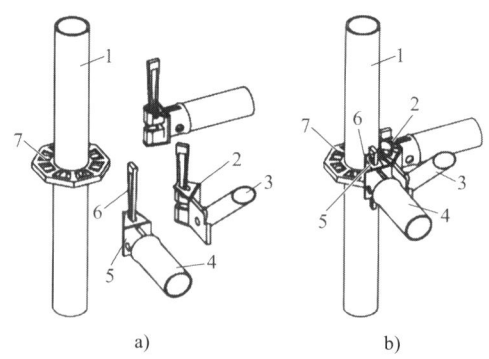

图 2–13　盘扣结点
a) 连接前　b) 连接后
1—立杆　2—斜杆扣接头　3—斜杆　4—水平杆　5—水平杆扣接头　6—插销　7—连接盘

45. 承插型盘扣式钢管脚手架应符合哪些基本规定?

(1)根据立杆外径大小,脚手架可分为标准型(B型)和重型(Z型)。脚手架构件、材料及其制作质量应符合行业标准《承插型盘扣式钢管支架构件》(JG/T 503—2016)的规定。

(2)杆端扣接头与连接盘的插销连接锤击自锁后不应拔脱。搭设脚手架时,宜采用质量不小于 0.5 kg 的锤子敲击插销顶面不少于 2 次,直至插销销紧。销紧后应再次击打,插销下沉量应不大于 3 mm。

(3)插销销紧后,扣接头端部弧面应与立杆外表面贴合。

(4)脚手架结构设计应根据脚手架种类、搭设高度和荷载采用不同的安全等级。

46. 承插型盘扣式钢管脚手架的构造应符合哪些一般规定?

(1)脚手架的构造体系应完整,脚手架应具有整体稳定性。

(2)应根据施工方案计算得出的立杆纵横向间距选用定长的水平杆和斜杆,并应根据搭设高度组合立杆、基座、可调托撑和可调底座。

(3)脚手架搭设步距应不超过 2 m。

(4)脚手架的竖向斜杆不应采用钢管扣件。

(5)当标准型(B型)立杆荷载设计值大于 40 kN,或重型(Z型)立杆荷载设计值大于 65 kN 时,脚手架顶层步距应比标准步距缩小 0.5 m。

47. 支撑架的构造应符合哪些规定?

(1)支撑架的高宽比宜控制在 3 以内,高宽比大于 3 的支撑架应采取与既有结构进行刚性连接等抗倾覆措施。

（2）对标准步距为 1.5 m 的支撑架，应根据支撑架搭设高度、支撑架型号及立杆轴向力设计值进行竖向斜杆布置，竖向斜杆布置形式选用应符合相关规定。

（3）当支撑架搭设高度大于 16 m 时，顶层步距内应每跨布置竖向斜杆。

（4）支撑架可调托撑伸出顶层水平杆或双槽托梁中心线的悬臂长度应不超过 650 mm，且丝杆外露长度应不超过 400 mm，可调托撑插入立杆或双槽托梁长度不得小于 150 mm。

（5）支撑架可调底座丝杆插入立杆长度不得小于 150 mm，丝杆外露长度不宜大于 300 mm，作为扫地杆的最底层水平杆中心线距离可调底座的底板应不大于 550 mm。

（6）当支撑架搭设高度超过 8 m、周围有既有建筑结构时，应沿高度每间隔 4~6 个步距与周围已建成的结构进行可靠拉结。

（7）支撑架应沿高度每间隔 4~6 个标准步距设置水平剪刀撑，并应符合行业标准《建筑施工扣件式钢管脚手架安全技术规范》（JGJ 130—2011）中关于钢管水平剪刀撑的相关规定。

（8）当以独立塔架形式搭设支撑架时，应沿高度间隔 2~4 个步距与相邻的独立塔架水平拉结。

（9）当支撑架架体内设置与单支水平杆同宽的人行通道时，可间隔抽除第一层水平杆和斜杆形成作业人员进出通道，与通道正交的两侧立杆间应设置竖向斜杆；当支撑架架体内设置与单支水平杆不同宽的人行通道时，应在通道上部架设支撑横梁，横梁的型号及间距应依据荷载确定。通道相邻跨支撑横梁的立杆间距应根据计算设置，通道周围的支撑架应连成整体。洞口顶部应铺设封闭的防护板，相邻跨应设置安全网。通行机动车的洞口，应设置安全警示和防撞设施。

48. 作业架的构造应符合哪些规定？

（1）作业架的高宽比宜控制在 3 以内；当作业架高宽比大于 3 时，应设置抛撑或揽风绳等抗倾覆措施。

（2）当搭设双排外作业架或搭设高度在 24 m 及以上时，应根据使用要求选择架体几何尺寸，相邻水平杆步距不宜大于 2 m。

（3）双排外作业架首层立杆宜采用不同长度的立杆交错布置，立杆底部宜配置可调底座或垫板。

（4）当设置双排外作业架人行通道时，应在通道上部架设支撑横梁，横梁截面大小应根据跨度以及承受的荷载计算确定，通道两侧作业架应加设斜杆。洞口顶部应铺设封闭的防护板，两侧应设置安全网。通行机动车的洞口，应设置安全警示和防撞设施。

（5）双排作业架的外侧立面上应设置竖向斜杆，并应符合下列规定：

1）在脚手架的转角处、开口型脚手架端部应由架体底部至顶部连续设置斜杆；

2）应每隔不大于 4 跨设置一道竖向或斜向连续斜杆；当架体搭设高度在 24 m 以上时，应每隔不大于 3 跨设置一道竖向斜杆；

3）竖向斜杆应在双排作业架外侧相邻立杆间由底至顶连续设置。

（6）连墙件的设置应符合下列规定：

1）连墙件应采用可承受拉荷载、压荷载的刚性杆件，并应与建筑主体结构和架体连接牢固；

2）连墙件应靠近水平杆的盘扣节点设置；

3）同一层连墙件宜在同一水平面，水平间距应不大于3跨；

4）连墙件之上架体的悬臂高度不得超过2步；

5）在架体的转角处或开口型双排脚手架的端部应按楼层设置连墙件，且竖向间距应不大于4 m；

6）连墙件宜从底层第一道水平杆处开始设置；

7）连墙件宜采用菱形布置，也可采用矩形布置；

8）连墙点应均匀分布；

9）当脚手架下部不能搭设连墙件时，宜外扩搭设多排脚手架并设置斜杆，形成外侧斜面状附加梯形架。

（7）三角架与立杆连接及接触的地方，应沿三角架长度方向增设水平杆，相邻三角架应连接牢固。

49. 安装与拆除支撑架有哪些规定？

（1）支撑架立杆搭设位置应按专项施工方案放线确定。

（2）搭设支撑架时，应根据立杆放置可调底座，并按先立杆后水平杆再斜杆的顺序搭设，形成基本的架体单元，以此扩展搭设成整体脚手架体系。

（3）可调底座应放置在定位线上，并应保持水平。若需铺设垫板，垫板应平整、无翘曲，不得采用已开裂的木垫板。

（4）在多层楼板上连续设置支撑架时，上下层支撑立杆宜在同一轴线上。

（5）支撑架搭设完成后，应对架体进行验收，确认符合专项施工方案要求后，再进入下道工序施工。

（6）可调底座和可调托撑安装完成后，立杆外表面应与可调螺母吻合，立杆外径与螺母台阶内径差应不大于2 mm。

（7）水平杆及斜杆插销安装完成后，应采用锤击方法抽查插销，连续下沉量应不大于3 mm。

（8）当架体吊装时，立杆间连接应增设立杆连接件。

（9）架体搭设与拆除过程中，可调底座、可调托撑、基座等小型构件宜采用人工传递。吊装作业应由专人指挥，不得碰撞架体。

（10）脚手架搭设完成后，立杆的垂直偏差应不大于支撑架总高度的1/500，且不得大于50 mm。

（11）拆除作业应按先装后拆、后装先拆的原则进行，应从顶层开始，逐层向下拆除，不得上下同时作业，不得抛掷。

（12）当分段或分立面拆除时，应确定分界处的技术处理方案，分段后架体应稳定。

50. 安装与拆除作业架有哪些规定？

（1）作业架立杆应定位准确，并应配合施工进度搭设，双排外作业架一次搭设高度应不超过最上层连墙件2步，且自由高度应不大于4 m。

（2）双排外作业架连墙件应随脚手架高度上升，在规定位置处同步设置，不得滞后安装和任意拆除。

（3）作业层设置应符合下列规定：

1）应满铺脚手板；

2）双排外作业架外侧应设挡脚板和防护栏杆，可在每层作业面立杆的0.5 m和1.0 m的连接盘处布置两道水平杆作为防护栏杆，并应在外侧满挂密目式安全立网；

3）作业层与主体结构间的空隙应设置水平防护网；

4）当采用钢脚手板时，钢脚手板的挂钩应稳固扣在水平杆上，挂钩应处于锁住状态。

（4）加固件、斜杆应与作业架同步搭设。当加固件、斜杆采用扣件钢管时，应符合行业标准《建筑施工扣件式钢管脚手架安全技术规范》（JGJ 130—2011）的有关规定。

（5）作业架顶层的外侧防护栏杆高出顶层作业层的高度应不小于1 500 mm。

（6）当立杆处于受拉状态时，立杆的套管连接接长部位应采用螺栓连接。

（7）作业架应分段搭设、分段使用。作业架应经验收合格后，方可使用。

（8）作业架应经单位工程负责人确认并签署拆除许可令后，方可拆除。

（9）当作业架拆除时，应划出安全区，设置警戒标志，并派专人看管。

（10）拆除前应清理脚手架上的器具、多余的材料和杂物。

（11）作业架拆除应按先装后拆、后装先拆的原则进行，不得上下同时作业。双排外脚手架连墙件应随脚手架逐层拆除，分段拆除的高度差应不大于2步。当作业条件限制，高度差大于2步时，应增设连墙件加固。

（12）拆除至地面的脚手架及构配件应及时检查、维修及保养，并应按品种、规格分类存放。

51. 对进入施工现场的承插型盘扣式钢管脚手架构配件的检查与验收应符合哪些规定？

（1）应有脚手架产品标识及产品质量合格证、型式检验报告。

（2）应有脚手架产品主要技术参数及产品使用说明书。

（3）当对脚手架及构件质量有疑问时，应进行质量抽检和整架试验。

52. 哪些情况下应对支撑架进行检查和验收？

（1）基础完工后及支撑架搭设前。

（2）超过 8 m 的高支模每搭设完成 6 m 高度后。

（3）搭设高度达到设计高度后和混凝土浇筑前。

（4）停用 1 个月以上，恢复使用前。

（5）遇 6 级及以上强风、大雨及冻结的地基土解冻后。

53. 支撑架检查和验收应符合哪些规定？

（1）基础应符合设计要求，并应平整、坚实，立杆与基础间应无松动、悬空现象，底座、支垫应符合规定。

（2）搭设的架体应符合设计要求，搭设方法和斜杆、剪刀撑等设置应符合相关规定。

（3）可调托撑和可调底座伸出水平杆的悬臂长度应符合相关规定。

（4）水平杆扣接头、斜杆扣接头与连接盘的插销应销紧。

54. 哪些情况下应对作业架进行检查和验收？

（1）基础完工后及作业架搭设前。

（2）首段高度达到 6 m 时。

（3）架体随施工进度逐层升高时。

（4）搭设高度达到设计高度后。

（5）停用 1 个月以上，恢复使用前。

（6）遇6级及以上强风、大雨及冻结的地基土解冻后。

55. 作业架检查和验收应符合哪些规定？

（1）搭设的架体应符合设计要求，斜杆或剪刀撑设置应符合相关规定。

（2）立杆基础不应有不均匀沉降，可调底座与基础面的接触不应有松动和悬空现象。

（3）连墙件设置应符合设计要求，应与主体结构、架体可靠连接。

（4）外侧安全立网、内侧层间水平网的张挂及防护栏杆的设置应齐全、牢固。

（5）周转使用的脚手架构配件使用前应进行外观检查，并应进行记录。

（6）搭设的施工记录和质量检查记录应及时、齐全。

（7）水平杆扣接头、斜杆扣接头与连接盘的插销应销紧。

56. 承插型盘扣式钢管脚手架安全管理与维护有哪些规定？

（1）脚手架搭设作业人员应正确穿戴安全帽、安全带和防滑鞋。

（2）应执行施工方案要求，遵循脚手架安装及拆除工艺流程。

（3）脚手架使用过程应明确专人管理。

（4）应控制作业层上的施工荷载，不得超过设计值。

（5）如需预压，荷载的分布应与设计方案一致。

（6）脚手架受荷过程中，应按对称、分层、分级的原则进行，不应集中堆载、卸载，并应派专人在安全区域内监测脚手架的工作状态。

（7）脚手架使用期间，不得擅自拆改架体结构杆件或在架体上增设其他设施。

（8）不得在脚手架基础影响范围内进行挖掘作业。

（9）在脚手架上进行电气焊作业时，应有防火措施和专人监护。

（10）脚手架应与架空输电线路保持安全距离，野外空旷地区搭设脚手架应按行业标准《施工现场临时用电安全技术规范》（JGJ 46—2005）的有关规定设置防雷措施。

（11）架体门洞、过车通道应设置明显警示标志及防超限栏杆。

（12）脚手架工作区域内应整洁卫生，物料码放整齐有序，通道应畅通。

（13）当遇有重大突发天气变化时，应提前做好防御措施。

六、模板支撑架

57. 满堂扣件式钢管支撑架怎么构造？

满堂扣件式钢管支撑架是模板支撑架的常见类型之一，简称满堂支撑架。

（1）满堂支撑架立杆步距与立杆间距不宜超过相关技术规范中规定的上限值，立杆伸出顶层水平杆中心线至支撑点的长度应不超过 0.5 m。满堂支撑架搭设高度不宜超过 30 m。

（2）满堂支撑架立杆、水平杆的构造应符合相关规定。

（3）满堂支撑架应根据架体的类型设置剪刀撑，并应符合相关规定。

1）对于普通型，其基本要求如下。

①在架体外侧周边及内部纵向、横向每 5～8 m，应由底至顶设置连续竖向剪刀撑，剪刀撑宽度应为 5～8 m，如图 2-14 所示。

②在竖向剪刀撑顶部交点平面应设置连续水平剪刀撑。支撑高度

超过 8 m，或施工总荷载大于 15 kN/m²，或集中线荷载大于 20 kN/m² 的支撑架，扫地杆的设置层应设置水平剪刀撑。水平剪刀撑至架体底平面距离与水平剪刀撑间距不宜超过 8 m，如图 2–14 所示。

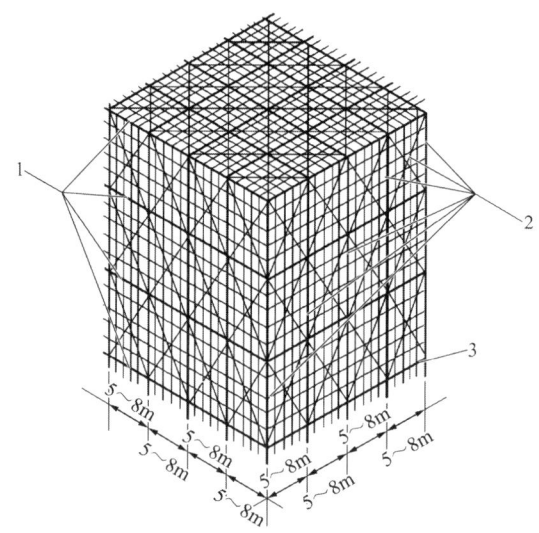

图 2–14　普通型水平、竖向剪刀撑设置
1—水平剪刀撑　2—竖向剪刀撑　3—扫地杆设置层

2）对于加强型，其基本要求如下。

①当立杆纵间距、横间距为 0.9 m×0.9 m～1.2 m×1.2 m 时，在架体外侧周边及内部纵向、横向每 4 跨（且不大于 5 m），应由底至顶设置连续竖向剪刀撑，剪刀撑宽度应为 4 跨。

②当立杆纵间距、横间距为 0.6 m×0.6 m～0.9 m×0.9 m（含 0.6 m×0.6 m、0.9 m×0.9 m）时，在架体外侧周边及内部纵向、横向每 5 跨（且不小于 3 m），应由底至顶设置连续竖向剪刀撑，剪刀撑宽度应为 5 跨。

③当立杆纵间距、横间距为 0.4 m×0.4 m～0.6 m×0.6 m（含

0.4 m×0.4 m）时，在架体外侧周边及内部纵向、横向每 3.0～3.2 m，应由底至顶设置连续竖向剪刀撑，剪刀撑宽度应为 3.0～3.2 m。

④在竖向剪刀撑顶部交点平面应设置水平剪刀撑，扫地杆的设置层水平剪刀撑的设置应符合普通型设置要求的规定，水平剪刀撑至架体底平面距离与水平剪刀撑间距不宜超过 6 m，剪刀撑宽度应为 3～5 m，如图 2–15 所示。

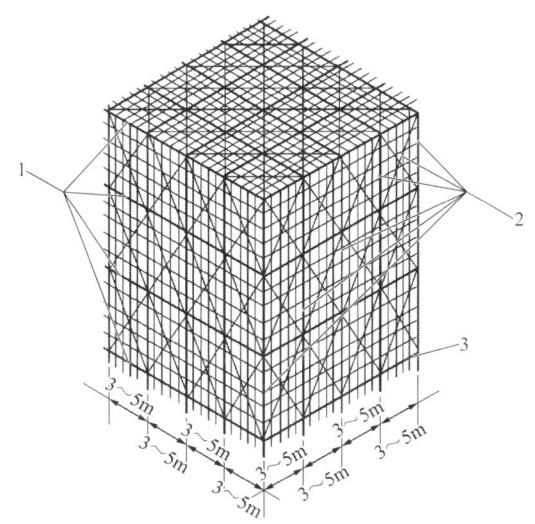

图 2–15　加强型水平、竖向剪刀撑设置
1—水平剪刀撑　2—竖向剪刀撑　3—扫地杆设置层

（4）竖向剪刀撑斜杆与地面的倾角应为 45°～60°，水平剪刀撑与支架纵（或横）向夹角应为 45°～60°，剪刀撑斜杆的接长应符合相关规定。

（5）满堂支撑架的可调底座、可调托撑螺杆伸出长度不宜超过 300 mm，插入立杆内的长度不得小于 150 mm。

（6）当满堂支撑架高宽比不符合相关规范的规定（高宽比大于 2

或 2.5）时，满堂支撑架应在支架四周和中部与结构柱进行刚性连接，连墙件水平间距应为 6～9 m，竖向间距应为 2～3 m。在无结构柱部位，应采取预埋钢管等措施与建筑结构进行刚性连接。支撑架高宽比应不大于 3。

58. 如何拆除模板支撑架？

模板支撑架应在混凝土强度达到表 2-1 规定的标准值，并经单位工程技术负责人同意后，方可拆除。

表 2-1　　　　　支撑架拆除时的混凝土强度要求

构件类型	构件跨度/m	达到设计混凝土强度等级值的百分率/%
板	≤2	≥50
	>2 且 ≤8	≥75
	>8	≥100
梁、拱、壳	≤8	≥75
	>8	≥100
悬臂构件		≥100

模板支撑架的拆除要求与相应脚手架拆除要求相同。除应遵守相应脚手架拆除的有关规定外，根据模板支撑架的特点，还应注意以下几点：

（1）模板支撑架拆除前，应由单位工程技术负责人对模板支撑架进行全面检查，确定可拆除时，方可拆除；

（2）拆除模板支撑架前应先松动可调螺栓，拆下模板并运出后，才可拆除模板支撑架；

（3）拆除时应按先搭后拆、后搭先拆的顺序施工；

（4）模板支撑架拆除应从顶层开始逐层往下拆，先拆可调托撑、斜杆、水平杆，后拆立杆；

（5）拆除时应采取可靠的安全措施，拆下的构配件应分类捆绑，尽量采用机械吊运，严禁从高处抛掷到地面；

（6）对拆除下来的构配件及时进行检查、维修和保养。

变形的构配件应调整、修理，油漆剥落处应除锈后重新涂刷防锈漆。底座、螺栓螺纹及螺栓孔等不易涂刷油漆的部位，每次使用完毕应清理污泥，涂上黄油防锈。门架宜倒立或平放，平放时应相互对齐。剪刀撑、水平撑、栏杆等应绑扎成捆堆放，其他小零件应分类装入木箱内保管。

为了防止模板支撑架构配件生锈，最好将其储存在干燥、通风的库房内，条件不允许时，也可以露天堆放，但必须选择地面平坦、排水良好的地方。堆放时下面应铺垫板，堆垛上应加盖防雨布。

59. 满堂扣件式钢管支撑架搭设和拆除的技术要点有哪些？

（1）满堂扣件式钢管支撑架的搭设应按专项施工方案，在专人指挥下统一进行。

（2）搭设时应按专项施工方案弹线定位，放置底座后应按先立杆后水平杆再斜杆的顺序搭设。

（3）在多层楼板上连续设置满堂扣件式钢管支撑架时，应保证上下层支撑立杆在同一轴线上。

（4）满堂扣件式钢管支撑架拆除应符合国家标准《混凝土结构工程施工规范》（GB 50666—2011）中混凝土强度的有关规定。

（5）架体拆除应按专项施工方案设计的顺序进行。

第三部分 建筑施工高处作业安全知识

一、建筑施工高处作业类型

60. 建筑施工高处作业包括哪些类型?

建筑施工高处作业主要包括临边作业、洞口作业、攀登作业、悬空作业、交叉作业等。

二、临边与洞口作业

61. 什么是临边作业和洞口作业?

临边作业是指在工作面边沿无围护或者围护设施高度低于 800 mm 的高处作业,包括楼板边、楼梯段边、屋面边、阳台边及各类坑、沟、槽等边沿的高处作业。

洞口作业是指在地面、楼面、屋面和墙角等有可能使人和物料坠落,且坠落高度大于或等于 2 m 的洞口处的高处作业。

62. 临边作业安全防护应符合哪些基本规定？

（1）施工的楼梯口、楼梯平台和梯段边应安装防护栏杆，外设楼梯口、楼梯平台和梯段边还应采用密目式安全立网封闭。

（2）建筑物外围边沿处，对没有设置外脚手架的工程，应设置防护栏杆；对设置外脚手架的工程，应采用密目式安全立网全封闭。密目式安全立网应设置在脚手架外侧立杆上，并应与脚手杆紧密连接。

（3）施工升降机、龙门架和井架物料提升机等在建筑物间设置的停层平台两侧边，应设置防护栏杆、挡脚板，并应采用密目式安全立网或工具式栏板封闭。

（4）停层平台口应设置高度不低于 1.8 m 的楼层防护门，并应设置防外开装置。井架物料提升机通道中间，应分别设置隔离设施。

63. 临边作业防护栏杆的构造应符合哪些规定？

（1）临边作业的防护栏杆应由横杆、立杆及挡脚板组成，并应符合下列规定：

1）横杆应为 2 道，上杆距地面高度应为 1.2 m，下杆应在上杆和挡脚板中间设置；

2）当防护栏杆高度大于 1.2 m 时，应增设横杆，横杆间距应不大于 600 mm；

3）立杆间距应不大于 2 m；

4）挡脚板高度应不小于 180 mm。

（2）立杆底端应固定牢固，并应符合下列规定：

1）当在土体上固定时，应采用预埋或打入方式固定；

2）当在混凝土楼面、地面、屋面或墙面固定时，应将预埋件与立杆连接牢固；

3）当在砌体上固定时，应预先砌入相应规格含有预埋件的混凝土块，预埋件应与立杆连接牢固。

（3）立杆和横杆的设置、固定及连接，应确保防护栏杆在上下横杆和立杆任何部位处，均能承受任何方向 1 kN 的外力作用。当防护栏杆所处位置有可能发生人群拥挤、物件碰撞等时，应加大横杆截面或减小立杆间距。

（4）防护栏杆应张挂密目式安全立网或其他材料封闭。

64. 防护栏杆杆件的规格及连接应符合哪些规定？

（1）当采用钢管作为防护栏杆杆件时，防护栏杆的立杆和横杆应采用脚手钢管，并应采用扣件、焊接、定型套管等方式进行连接固定。

（2）当采用其他材料作为防护栏杆杆件时，应选用与钢管材质强度相当的材料，并应采用螺栓、销轴或焊接等方式进行连接固定。

65. 洞口作业安全防护应符合哪些基本规定？

（1）电梯井口应设置防护门，其高度应不小于 1.5 m，防护门底端距地面高度应不大于 50 mm，并应设置挡脚板。

（2）在电梯施工前，电梯井道内应每隔 2 层且不大于 10 m 加设一道安全平网。电梯井内的施工层上部，应设置隔离防护设施。

（3）洞口盖板应能承受不小于 1 kN 的集中荷载和不小于 2 kN/m^2 的均布荷载，有特殊要求的盖板应另行设计。

（4）墙面等处落地的竖向洞口、窗台高度低于 800 mm 的竖向洞口及框架结构在浇注完混凝土没有砌筑墙体时的洞口，应按临边防护要求设置防护栏杆。

66. 电梯井口如何设置安全防护设施？

电梯井口安全防护设施应采用工具式、定型化设施，装拆方便，便于周转和使用。电梯井口应设置防护门（可选用铁栅门与木栏门，见图 3–1）；电梯井道内应每隔两层且不大于 10 m 设一道安全平网，平网内无杂物，网与井壁间隙不大于 10 cm。当防护高度超过一个标准层时，不可采用脚手板等硬质材料进行水平防护。防护门应固定牢固。

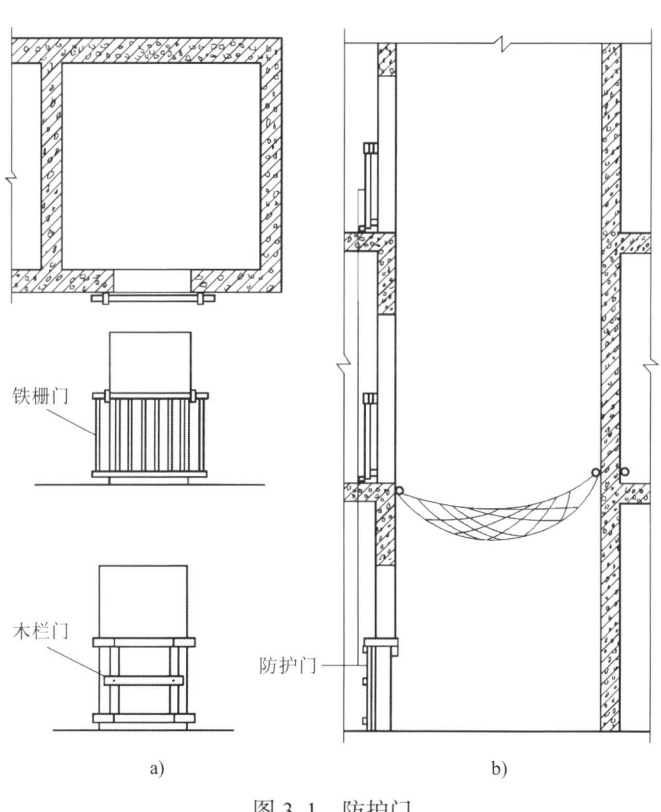

图 3–1 防护门
a) 立面图 b) 剖面图

67. 拆除洞口安全防护设施时有哪些要求？

（1）在施工期间原则上严禁变动和拆除洞口安全防护设施。若因作业需要必须临时拆除，应取得施工现场负责人同意后才可实施，且应采取相应可靠措施，作业后应立即恢复。

（2）通道防护棚搭设与拆除时，应设警戒区，并派专人监护。严禁上下同时拆除。

（3）安全防护设施拆除前应进行安全技术交底，交底内容应有针对性，指出拆除中的危险点、应采取的安全措施。安全技术交底须严格履行签字手续。

三、攀登与悬空作业

68. 什么是攀登作业和悬空作业？

攀登作业是指借助登高用具或者登高设施进行的高处作业。

悬空作业是指在周边无任何防护设施或防护设施不能满足防护要求的临空状态下进行的高处作业。

69. 攀登作业有哪些安全要求？

（1）攀登作业应借助施工通道、梯子及其他攀登设施和用具。

（2）攀登作业设施和用具应牢固可靠；当采用梯子攀爬作业时，踏面荷载应不大于 1.1 kN；当梯面上有特殊作业时，应按实际情况进行专项设计。

（3）同一梯子上不得两人同时作业。在通道处使用梯子作业时，应有专人监护或设置围栏。脚手架操作层上严禁架设梯子作业。

（4）便携式梯子宜采用金属材料或木材制作，并应符合相关规定。

（5）使用单梯时，梯面应与水平面成 75°夹角，踏步不得缺失，梯格间距宜为 300 mm，不得垫高使用。

（6）折梯张开到工作位置的倾角应符合相关规定，并应有整体的金属撑杆或可靠的锁定装置。

（7）固定式直梯应采用金属材料制成，并应符合相关规定。梯子净宽应为 400~600 mm，固定直梯的支撑应采用不小于⌊70×6 的角钢，埋设与焊接应牢固。直梯顶端的踏步应与攀登顶面齐平，并应加设 1.1~1.5 m 高的扶手。

（8）使用固定式直梯攀登作业时，若攀登高度超过 3 m，宜加设护笼；若攀登高度超过 8 m，应设置梯间平台。

（9）钢结构安装时，应使用梯子或其他攀登设施攀登作业。坠落高度超过 2 m 时，应设置操作平台。

（10）当安装屋架时，应在屋脊处设置扶梯。扶梯踏步间距应不大于 400 mm。屋架杆件安装时搭设的操作平台，应设置防护栏杆或使用作业人员拴挂安全带的安全绳。

（11）深基坑施工应设置扶梯、入坑踏步及专用载人设备或斜道等设施。采用斜道时，应加设间距不大于 400 mm 的防滑条等防滑措施。作业人员严禁沿坑壁、支撑或乘运土工具上下。

70. 哪些位置禁止攀登作业？

（1）不得在阳台之间等非规定的通道进行攀登。

（2）不可任意利用吊车臂架等施工设备进行攀登。

作业人员应从规定的通道上下。上下梯子时，应面向梯子，且不得手持器物；在通道处使用梯子，应有人监护或设置围挡。

71. 构件吊装和管道安装时的悬空作业应符合哪些规定？

（1）钢结构吊装，构件宜在地面组装，安全防护设施应一并设置。吊装时，应在作业层下方设置一道安全平网。

（2）吊装钢筋混凝土屋架、梁、柱等大型构件前，应在构件上预先设置登高通道、操作立足点等安全防护设施。

（3）在高空安装大模板、吊装第一块预制构件或单独的大中型预制构件时，应站在作业平台上操作。

（4）钢结构安装施工宜在施工层搭设水平通道，水平通道两侧应设置防护栏杆；当利用钢梁作为水平通道时，应在钢梁一侧设置连续的安全绳，安全绳宜采用钢丝绳。

（5）钢结构、管道等安装施工的安全防护宜采用标准化、定型化设施。

72. 模板支撑体系搭设和拆卸的悬空作业应符合哪些规定？

（1）模板支撑的搭设和拆卸应按规定程序进行，不得在上下同一垂直面上同时装拆模板。

（2）在坠落基准面 2 m 及以上高处搭设与拆除柱模板及悬挑结构的模板时，应设置操作平台。

（3）在进行高处拆模作业时，应配置登高用具或搭设支架。

73. 绑扎钢筋和预应力张拉的悬空作业应符合哪些规定？

（1）绑扎立柱和墙体钢筋，不得沿钢筋骨架攀登或站在骨架上作业。

（2）在坠落基准面 2 m 及以上高处绑扎柱钢筋和进行预应力张拉时，应搭设操作平台。

74. 混凝土浇筑与结构施工的悬空作业应符合哪些规定？

（1）浇筑高度在 2 m 及以上的混凝土结构构件时，应设置脚手架或操作平台。

（2）悬挑的混凝土梁和檐、外墙和边柱等结构施工时，应搭设脚手架或操作平台。

75. 屋面作业时应符合哪些规定？

（1）在坡度大于 25°的屋面上作业，当无外脚手架时，应在屋檐边设置不低于 1.5 m 的防护栏杆，并应采用密目式安全立网全封闭。

（2）在轻质型材等屋面上作业，应搭设临时走道板，不得在轻质型材上行走；安装轻质型材板前，应采取在梁下支设安全平网或搭设脚手架等安全防护措施。

76. 外墙作业时应符合哪些规定？

（1）门窗作业时，应有防坠落措施，作业人员在无安全防护措施时，不得站立在樘子、阳台栏板上作业。

（2）高处作业不得使用座板式单人吊具，不得使用自制吊篮。

四、操作平台

77. 什么是操作平台？操作平台分哪些种类？

操作平台是由钢管、型钢及其他等效性能材料等组装搭设制作的供施工现场高处作业和载物的平台，包括移动式、落地式、悬挑式等平台。

移动式操作平台是指带脚轮或导轨，可移动的脚手架操作平台，如图3–2所示。

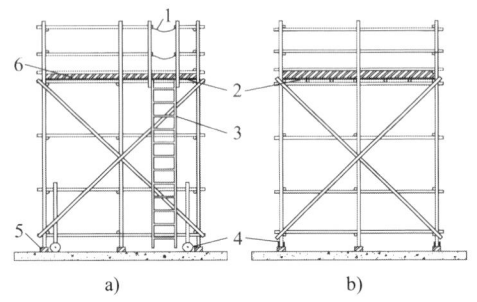

图3–2 移动式操作平台
a) 立面图　b) 侧面图
1—活动防护绳　2—竹笆或木板　3—梯子　4—带锁脚轮　5—木楔　6—挡脚板

落地式操作平台是指从地面或楼面搭起、不能移动的操作平台，主要有单纯进行施工作业的施工平台和可进行施工作业与承载物料的接料平台。

悬挑式操作平台是指以悬挑形式搁置或固定在建筑物结构边沿的操作平台，主要有斜拉式悬挑操作平台和支承式悬挑操作平台，如图3–3和图3–4所示。

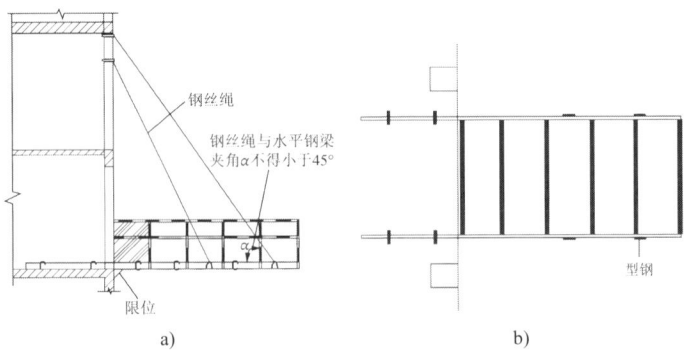

图3–3 斜拉式悬挑操作平台
a) 侧面图　b) 平面图

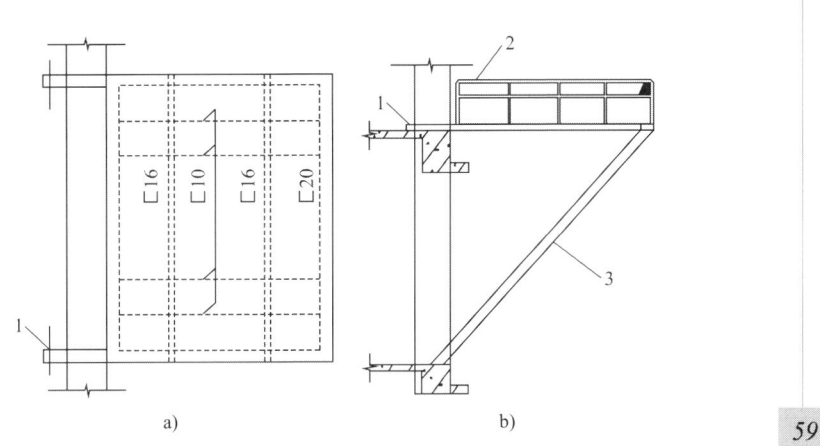

图 3-4 支承式悬挑操作平台
a) 平面图 b) 侧面图
1—梁面预埋件 2—栏杆与⊏16 焊接 3—斜撑杆

78. 操作平台应符合哪些一般规定?

(1)操作平台应通过设计计算,并应编制专项方案,架体构造与材质应满足国家现行相关标准的规定。

(2)操作平台的架体结构应采用钢管、型钢及其他等效性能材料组装,并应符合国家标准《钢结构设计标准》(GB 50017—2017)及国家现行有关脚手架标准的规定。平台面铺设的钢、木或竹胶合板等材质的脚手板,应符合材质和承载力要求,并应平整满铺及可靠固定。

(3)操作平台的临边应设置防护栏杆,单独设置的操作平台应设置供人上下、踏步间距不大于 400 mm 的扶梯。

(4)应在操作平台明显位置设置标明允许负载值的限载牌及限定允许的作业人数,物料应及时转运,不得超重、超高堆放。

(5)操作平台使用中应每月不少于 1 次定期检查,应由专人进行日常维护工作,及时消除事故隐患。

79. 移动式操作平台应符合哪些规定？

（1）移动式操作平台的面积不宜大于 10 m²，高度不宜大于 5 m，高宽比应不大于 2∶1，施工荷载应不大于 1.5 kN/m²。

（2）移动式操作平台的轮子与平台架体连接应牢固，立柱底端离地面不得超过 80 mm，行走轮和导向轮应配有制动器或刹车闸等固定措施。

（3）移动式操作平台的行走轮承载力应不小于 5 kN，行走轮制动器的制动力矩应不小于 2.5 N·m。移动式操作平台架体应保持垂直，不得弯曲变形。行走轮的制动器除在移动情况外，均应保持制动状态。

（4）移动式操作平台在移动时，操作平台上不得站人。

（5）移动式操作平台的结构设计计算应符合相关规定。

80. 落地式操作平台架体构造应符合哪些规定？

（1）落地式操作平台高度应不大于 15 m，高宽比应不大于 3∶1。

（2）施工平台的施工荷载应不超过 2.0 kN/m²；当接料平台的施工荷载大于 2.0 kN/m² 时，应进行专项设计。

（3）落地式操作平台应与建筑物进行刚性连接或加设防倾措施，不得与脚手架连接。

（4）用脚手架搭设落地式操作平台时，其结构需求应符合国家现行相关脚手架标准的规定；应在立杆下部设置底座或垫板、纵向扫地杆与横向扫地杆，并应在外立面设置剪刀撑或斜撑。

（5）落地式操作平台应从底层第一步水平杆起逐层设置连墙件，且间隔应不大于 4 m，并应设置水平剪刀撑。连墙件应为可承受拉力和压力的构件，并应与建筑结构可靠连接。

81. 落地式操作平台搭设和拆除应符合哪些规定？

（1）落地式操作平台的搭设材料及搭设技术要求、允许偏差应符合国家现行相关脚手架标准的规定。

（2）落地式操作平台一次搭设高度应不超过相邻连墙件以上2步。

（3）落地式操作平台的拆除应由上而下逐层进行，严禁上下同时作业，连墙件应随工程施工进度逐层拆除。

82. 落地式操作平台检查与验收应符合哪些规定？

（1）搭设操作平台的钢管和扣件应有产品合格证。

（2）搭设前应对基础进行检查验收，搭设中应随施工进度按结构层对操作平台进行检查验收。

（3）遇 6 级以上大风、雷雨、大雪等恶劣天气及停用超过 1 个月，恢复使用前应进行检查。

83. 悬挑式操作平台应符合哪些规定？

（1）悬挑式操作平台的悬挑长度不宜大于 5 m，均布荷载应不大于 5.5 kN/m^2，集中荷载应不大于 15 kN，悬挑梁应锚固固定。

（2）采用斜拉方式的悬挑式操作平台，平台两侧的连接吊环应与前后斜拉钢丝绳连接，每一道钢丝绳应能承载该侧所有荷载。

（3）采用支承方式的悬挑式操作平台，应在钢平台下方设置不少于 2 道斜撑，斜撑的一端应支承在钢平台主结构钢梁下，另一端应支承在建筑物主体结构上。

（4）采用悬臂梁式的操作平台，应采用型钢制作悬挑梁或悬挑桁架，不得使用钢管，其节点应采用螺栓或焊接的刚性节点。当平台板上的主梁与主体结构预埋件焊接时，预埋件、焊缝均应经设计计算，建筑主体结构应同时满足强度要求。

（5）悬挑式操作平台应设置4个吊环，吊运时应使用卡环，不得使吊钩直接钩挂吊环。吊环应按通用吊环或起重吊环设计，并应满足强度要求。

（6）悬挑式操作平台安装时，钢丝绳应采用专用的钢丝绳夹连接，钢丝绳夹数量应与钢丝绳直径相匹配，且不得少于4个。建筑物锐角、利口周围系钢丝绳处应加衬软垫物。

（7）悬挑式操作平台的外侧应略高于内侧，外侧应安装防护栏杆并应设置防护挡板全封闭。

（8）人员不得在悬挑式操作平台吊运、安装时上下。

（9）悬挑式操作平台的结构设计计算应符合相关规定。

五、交叉作业

84. 什么是交叉作业？

交叉作业是指在施工现场的垂直空间贯通状态下，可能造成人员或物体坠落，并处于可能坠落范围内、上下左右不同层面的立体作业。

85. 交叉作业应遵守哪些一般规定？

（1）交叉作业时，下层作业位置应处于上层作业的可能坠落范围之外。安全防护棚和警戒隔离区范围的设置应视上层作业高度确定，并应大于可能坠落范围。

（2）交叉作业时，可能坠落范围半径内应设置安全防护棚或安全防护网等安全隔离措施。当尚未设置安全隔离措施时，应设置警戒隔离区，人员严禁进入警戒隔离区。

（3）处于起重机臂架回转范围内的通道，应搭设安全防护棚。

（4）施工现场人员进出的通道口，应搭设安全防护棚（见图3-5）。

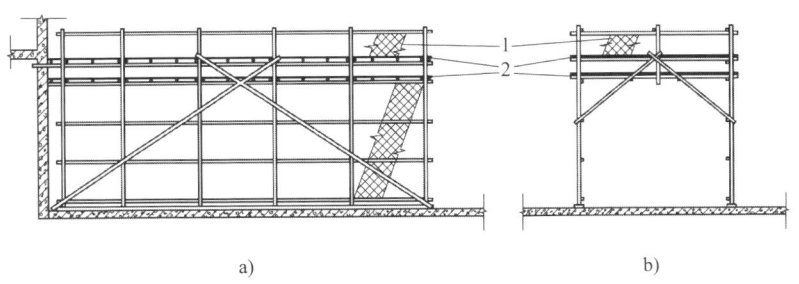

图 3-5　通道口安全防护棚
a) 侧立面图　b) 正立面图
1—密目网　2—竹笆或木板

（5）不得在安全防护棚棚顶堆放物料。

（6）当采用脚手架搭设安全防护棚架构时，应符合国家现行相关脚手架标准的规定。

（7）交叉作业未搭设脚手架和设置安全防护棚时，应设置安全防护网。当在多层、高层建筑物外立面施工时，应在第二层及每隔4层设一道固定的安全防护网，同时设一道随施工高度提升的安全防护网。

86. 安全防护棚搭设应符合哪些规定?

（1）当安全防护棚为非机动车辆通行时，棚底至地面高度应不小于 3 m；当安全防护棚为机动车辆通行时，棚底至地面高度应不小于 4 m。

（2）当建筑物高度大于 24 m 并采用木质板搭设时，应搭设双层安全防护棚。两层安全防护棚的间距应不小于 700 mm，安全防护棚的高度应不小于 4 m。

（3）当安全防护棚的顶棚采用竹笆或木质板搭设时，应采用双层搭设，间距应不小于 700 mm；当采用木质板或与其等强度的其他材料搭设时，可采用单层搭设，木板厚度应不小于 50 mm。防护棚的长度应根据建筑物高度与可能坠落范围确定。

悬挑式安全防护棚的架体构造如图 3-6 所示。

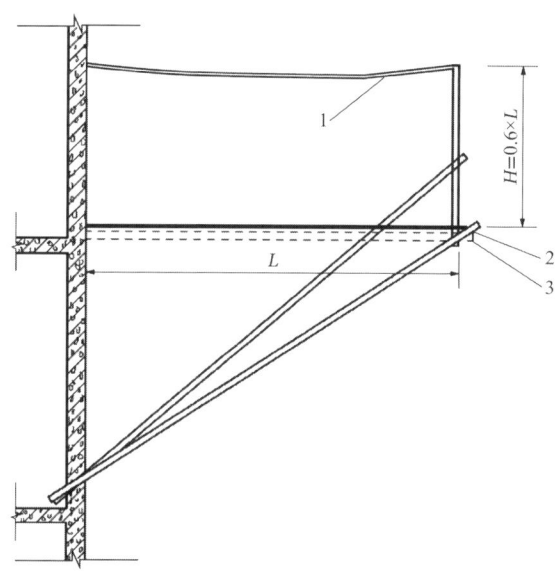

图 3-6 悬挑式安全防护棚的架体构造
1—安全平网　2—不小于 50 mm 厚的木板　3—型钢（间距不大于 1.5 mm）

87. 安全防护网搭设应符合哪些规定?

（1）安全防护网搭设时，应每隔 3 m 设一根支撑杆，支撑杆水平夹角不宜小于 45°。

（2）当在楼层设支撑杆时，应预埋钢筋环或在结构内外侧各设一道横杆。

（3）安全防护网应外高里低，网与网之间应拼接严密。

第四部分 高处作业个体防护知识

一、安全帽

88. 什么是安全帽?

安全帽是对使用者头部受坠落物或小型飞溅物体等其他特定因素引起的伤害起防护作用的帽,一般由帽壳、帽衬及配件等组成。安全帽的组成见表4-1,结构如图4-1所示。

表 4-1　　　　　　　　安全帽的组成

帽壳(安全帽的外壳)	帽舌	帽壳前部伸出的部分
	帽沿	在帽壳上,除帽舌以外帽壳周围其他伸出的部分
	顶筋	用于增加帽壳顶部强度的结构
帽衬(安全帽内部部件的总称)	帽箍	围绕头围起固定作用的可调节带圈
	吸汗带	附加在帽箍上的吸汗材料
	缓冲垫	设置在帽箍和帽壳之间吸收冲击能量的部件
	顶带	与使用者头顶直接接触的衬带

续表

下颏带（系在下颏上，起辅助固定作用的可调节配件）	系带	—
	锁紧卡	调节系带有效长度并固定的零部件
附件		附加于安全帽的装置，包括防护面屏、护听器、通信设备、信息化装置、照明装置、警示标识等

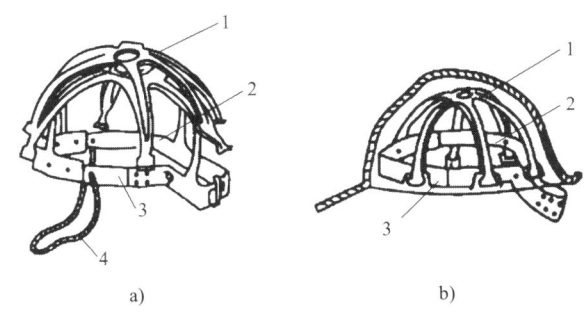

图 4-1 安全帽的结构
a) 双层顶带式 b) 单层顶带式
1—顶带 2—帽箍 3—吸汗带 4—下颏带

89. 安全帽是如何分类的？

安全帽按性能分为普通型（P）和特殊型（T）。普通型安全帽是用于一般作业场所，具备基本防护性能的安全帽产品；特殊型安全帽是除具备基本防护性能外，还具备一项或多项特殊性能的安全帽产品，适用于与其性能相应的特殊作业场所。

带有电绝缘性能的特殊型安全帽按耐受电压大小分为 G 级和 E 级。G 级电绝缘测试电压为 2 200 V，E 级电绝缘测试电压为 20 000 V。

90. 安全帽的分类标记有哪些内容？

安全帽的分类标记由产品名称、性能标记组成。

安全帽的分类标记详见表4-2，按表中从上至下的顺序选择相应性能进行标记。

表4-2　　　　　　　　安全帽的分类标记

产品类别	符号	特殊性能分类	性能标记	备注
普通型	P	—	—	—
特殊型	T	阻燃	Z	—
		侧向刚性	LD	—
		耐低温	−30 ℃	—
		耐极高温	+150 ℃	—
		电绝缘	J　G	测试电压2 200 V
			J　E	测试电压20 000 V
		防静电	A	—
		耐熔融金属飞溅	MM	—

示例1：普通型安全帽标记为安全帽（P）。

示例2：具备侧向刚性、耐低温性能的安全帽标记为安全帽（T LD −30 ℃）。

示例3：具备侧向刚性、耐极高温、电绝缘性能，测试电压为20 000 V的安全帽标记为安全帽（T LD +150 ℃ JE）。

91. 对安全帽的帽箍、吸汗带、下颏带、附件、帽壳内突出物有哪些要求？

帽箍应可根据安全帽标识中明示的适用头围尺寸进行调整。

帽箍对应前额的区域应有吸汗性织物或增加吸汗带，吸汗带宽度应不小于帽箍的宽度。

安全帽如有下颏带，应使用宽度不小于 10 mm 的织带或直径不小于 5 mm 的绳。

当安全帽配有附件时，附件应不影响安全帽的佩戴稳定性，同时不影响其正常防护功能。

帽壳内侧与帽衬之间存在的尖锐锋利突出物高度不得超过 6 mm，突出物应有软垫覆盖。

92. 对安全帽的材料、质量有哪些要求？

（1）不得使用有毒、有害或引起皮肤过敏等对人体有害的材料。材料耐老化性能应满足安全帽标识中明示的使用期限要求，正常使用的安全帽在使用期限内不能因材料等原因而防护功能失效。

（2）普通安全帽的质量应不超过 430 g，特殊型安全帽的质量应不超过 600 g（均不包括附件）。

93. 安全帽的结构尺寸有哪些规定？

（1）帽舌：≤ 70 mm。

（2）帽沿：≤ 70 mm。

（3）佩戴高度（安全帽在佩戴时，帽箍侧面底部的最低点至头顶最高点的轴向距离）：≥ 80 mm。

（4）垂直间距［安全帽在佩戴时，头顶最高点与帽壳内表面之间的轴向距离（不包括顶筋的空间）］：≤ 50 mm。

（5）水平间距（安全帽在佩戴时，帽箍与帽壳内侧之间在水平面上的径向距离）：≥ 6 mm。

94. 安全帽应包括哪些标识?

安全帽的标识由永久标识和制造商提供的信息组成。

（1）永久标识。安全帽的永久标识是指位于产品主体内侧，并在产品整个生命周期内一直保持清晰可辨的标识，至少应包括以下几项内容：

1）执行标准编号；

2）制造厂名；

3）生产日期（年、月）；

4）产品名称（由生产厂命名）；

5）产品的分类标记；

6）产品的强制报废期限。

（2）制造商提供的信息。制造商提供的信息可以采用印刷品、图册或耐磨不干胶贴等形式，至少应包括以下几项内容。

1）警示："使用安全帽时应根据头围大小调节帽箍或下颏带，以保证佩戴牢固，不会意外偏移或滑落"。

2）警示："安全帽在经受严重冲击后，即使没有明显损坏，也必须更换"。

3）警示："除非按制造商的建议进行，否则对安全帽配件进行的任何改造和更换都会给使用者带来危险"。

4）是否可以在外表面涂敷油漆、溶剂、不干胶贴的声明。

5）制造商的名称、地址和联系方式。

6）为合格品的声明及资料。

7）适用和不适用场所。

8）适用头围的大小。

9）安全帽的报废判别条件和使用期限。

10）调整、装配、使用、清洁、消毒、维护、保养和储存方面的说明和建议。

11）可使用的附件和备件（如果有）的详细说明。

12）质量（应提供该产品的自身质量，便于使用者选择）。

95. 如何正确使用安全帽？

进入建筑施工现场必须正确佩戴安全帽，且施工现场安全帽应分色佩戴。安全帽的佩戴和使用应符合标准规定。如果佩戴和使用不正确，就起不到充分的防护作用。

（1）戴安全帽前应将帽箍按自己头型调整到合适的位置。缓冲垫的松紧由带子调节，安全帽的垂直间距应不大于 50 mm，保证当遭受冲击时，帽体内有足够的缓冲空间，平时也有利于头和帽体间的通风。

（2）不可歪戴安全帽，也不可把帽沿戴在脑后方，否则会降低安全帽对冲击的防护作用。

（3）安全帽的下颏带必须扣在颏下并系牢，松紧应适度，避免大风、其他障碍物或者头的摆动导致安全帽脱落。

（4）安全帽除在内部安装帽衬外，有的还在顶部开小孔通风，但在使用时不可为了透气而随便再行开孔，否则会使安全帽的强度降低。

（5）安全帽在使用过程中会逐渐损坏，应定期检查其有无龟裂、下凹、裂痕和磨损等情况。如发现异常情况，应立即更换，不可再继续使用。任何受过重击的安全帽，不论是否损坏，均应报废。

（6）严禁使用帽内无缓冲垫的安全帽。

（7）作业人员在现场作业时，不得将安全帽搁置一旁。

（8）领取新的安全帽后，应检查其有无生产许可证明及产品合格证，再看有无破损、薄厚不均现象，安全帽各组成部件是否齐全有效。不符合要求的，应立即调换。

（9）安全帽使用时应保持整洁，不宜接触火源，不要任意涂刷油漆，不可当凳子坐，防止丢失。如果安全帽丢失或损坏，必须立即领取新的安全帽。未佩戴安全帽者，一律不准进入施工现场。

二、安全带

96. 什么是安全带？

安全带是指在高处作业、攀登及悬吊作业中固定作业人员位置，防止作业人员发生坠落或发生坠落后将作业人员安全悬挂的个体坠落防护装备的系统。

97. 安全带由哪些部件组成？

（1）安全绳。安全绳是在安全带中连接系带与挂点的绳或带。安全绳一般起扩大或限制使用者活动范围、吸收冲击能量的作用。

（2）缓冲器。缓冲器是串联在系带和挂点之间，发生坠落时吸收部分冲击能量、降低冲击力的部件。

（3）速差自控器（收放式防坠器）。速差自控器是串联在系带和挂点之间，具备可随人员移动而伸缩长度的绳或带，在坠落发生时可由速度变化引发锁止制动作用的部件。

（4）自锁器（导向式防坠器）。自锁器是附着在导轨上、由坠落动作引发制动作用的部件。该部件不一定有缓冲能力。

（5）系带。系带是将安全带穿戴在人体上，并在坠落时支撑和控制人体、分散冲击力的部件。系带由织带、带扣及其他金属部件组成，一般有全身式系带、单腰式系带、半身式系带。

（6）连接器。连接器是有常闭活门的，用于系统中各组成部分之间进行相互连接与分离的部件。

（7）调节器。调节器是用于调整安全绳长短的零件。

98. 安全带分为哪几类？

按照作业类别的不同，安全带分为围杆作业用安全带、区域限制用安全带、坠落悬挂用安全带。

（1）围杆作业用安全带。围杆作业用安全带是通过围绕在固定构造物上的绳或带，将人体绑定在固定构造物附近，防止人员滑落，使作业人员的双手可以进行其他操作的个体坠落防护系统。围杆作业用安全带的使用如图 4-2 所示。

图 4-2 围杆作业用安全带的使用

（2）区域限制用安全带。区域限制用安全带是通过限制作业人员的活动范围，避免其到达可能发生坠落区域的个体坠落防护系统。区域限制用安全带的使用如图4-3所示。

（3）坠落悬挂用安全带。坠落悬挂用安全带是当作业人员发生坠落时，通过制动作用将作业人员安全悬挂的个体坠落防护系统。坠落悬挂用安全带的使用如图4-4所示。

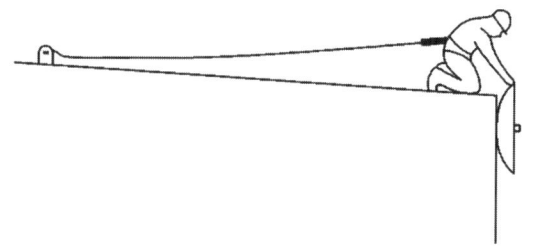

图4-3　区域限制用安全带的使用

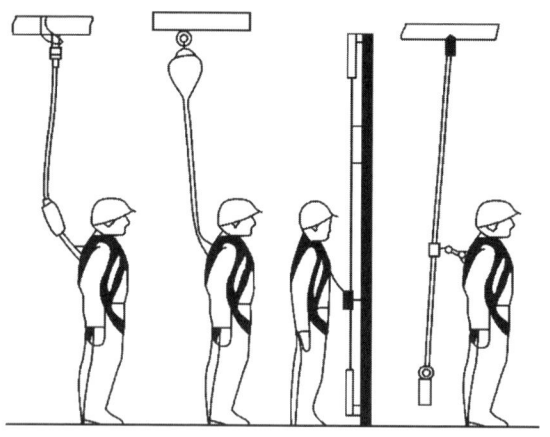

图4-4　坠落悬挂用安全带的使用

99. 安全带的标记有哪些规定？

（1）安全带的标记由安全带作业类别及附加功能两部分组成。

1）安全带作业类别：区域限制用字母 Q 表示，围杆作业用字母 W 表示，坠落悬挂用字母 Z 表示。

2）安全带附加功能：防静电功能用字母 E 表示，阻燃功能用字母 F 表示，救援功能用字母 R 表示，耐化学品功能用字母 C 表示。

（2）安全带的标记应以汉字或字母的形式明示于产品标识。

示例1：区域限制用安全带表示为"Q"；可用于围杆作业、坠落悬挂，并具备阻燃功能、救援功能及耐化学品功能的安全带表示为"W/Z-FRC"。

示例2：区域限制用安全带表示为"区域限制"；可用于围杆作业、坠落悬挂，并具备阻燃功能、救援功能及耐化学品功能的安全带表示为"围杆作业/坠落悬挂 阻燃 救援 耐化学品"。

100. 区域限制用安全带应至少包含哪些组成部分？

（1）可连接区域限制用部件的系带。

（2）可连接系带与挂点装置的区域限制安全绳或速差自控器等起限制及定位作用的零部件。

（3）可连接安全带内各组成部分的环类零部件及连接器。

101. 区域限制用安全带的性能应符合哪些要求？

（1）区域限制用安全带各零部件应能承受相应的测试荷载。

（2）带扣不应松脱，模拟人不应与系带滑脱。

（3）系带不应出现明显的不对称滑移。

（4）连接器不应打开，零部件不应断裂。

（5）织带或绳在各调节扣内的最大滑移应小于或等于 25 mm。

102. 围杆作业用安全带应至少包含哪些组成部分？

（1）可连接围杆作业用部件的系带。

（2）可围绕杆、柱等构筑物并可与系带连接的围杆作业安全绳等部件。

（3）可连接安全带内各组成部分的环类零部件及连接器。

103. 围杆作业用安全带的性能应符合哪些要求？

（1）带扣不应松脱，模拟人不应与系带滑脱或坠落至地面。

（2）连接器不应打开，零部件不应断裂。

（3）系带不应出现明显的不对称滑移。

（4）模拟人悬吊在空中时模拟人的腋下、大腿内侧不应有金属件。

（5）模拟人悬吊在空中时不应有任何部件压迫模拟人的喉部、外生殖器。

（6）织带或绳在各调节扣内的最大滑移应小于或等于 25 mm。

104. 坠落悬挂用安全带应至少包含哪些组成部分？

（1）可连接坠落悬挂用部件的系带。

（2）可连接系带与挂点装置或构筑物的安全绳及缓冲器、速差自控器、自锁器等中的一种。

（3）可连接安全带内各组成部分的环类零部件及连接器。

105. 坠落悬挂用安全带的性能应符合哪些要求？

（1）带扣不应松脱，模拟人不应与系带滑脱或坠落至地面。

（2）连接器不应打开，零部件不应断裂。

（3）安全带冲击作用力峰值应小于或等于 6 kN。

（4）安全带应标明伸展长度，且伸展长度应小于或等于永久标识中明示的数值。

（5）模拟人悬吊在空中时不应出现头朝下的现象。

（6）系带不应出现明显不对称滑移或不对称变形。

（7）模拟人悬吊在空中时其腋下、大腿内侧不应有金属件。

（8）模拟人悬吊在空中时不应有任何部件压迫其喉部、外生殖器。

（9）织带或绳在各调节扣内的最大滑移应小于或等于 25 mm。

（10）如果系带具备坠落指示功能，坠落指示功能应正常显示坠落发生。

106. 安全带标识有哪些规定？

（1）安全带标识应固定于系带。

（2）安全带标识应加护套或以其他方式进行必要保护。

（3）安全带标识应至少包括以下几项内容：

1）产品名称；

2）执行标准编号；

3）分类标记；

4）制造商名称或标记及产地；

5）合格品标记；

6）生产日期（年、月）；

7）不同类型零部件组合使用时的伸展长度（适用于坠落悬挂）；

8）醒目的标记或文字提醒使用者使用前应仔细阅读制造商提供

的信息;

9)国家法律法规要求的其他标识。

107. 安全带制造商为每套安全带提供的信息应至少包括哪些内容?

(1)制造商标识。

(2)适用和不适用对象、场合的描述。

(3)安全带所连接的各部件种类及执行标准清单。

(4)安全带中所使用的字母、符号意义说明。

(5)安全带各部件间正确的组合及连接方法。

(6)安全带同挂点装置的连接方法。

(7)扎紧扣的使用方法及扎紧程度。

(8)对可能对安全带产生损害的危险因素的描述。

(9)提示使用方应根据自身使用情况制定相应的救援方案。

(10)安全空间的确定方法。

(11)根据现场环境及安全带特性判定该安全带是否适用的方法,现场环境及安全带特性可包括安全带的伸展长度、坠落距离、工作现场的安全空间及挂点位置等因素。

(12)周期性检查的规程和对检查周期的建议。

(13)整体报废或更换零部件的条件及要求。

(14)清洁、维护、储存的方法及最长的储存时间。

(15)警示语:使用者必须经过培训确认有能力正确使用安全带。

(16)警示语:当标识在产品报废期限内无法辨认时,产品应当报废。

(17)警示语:未经安全带制造商同意,不允许对安全带进行任何改装或更换制造商不认可的零部件。

108. 安全带的总体结构应满足哪些要求？

（1）安全带中使用的零部件应圆滑，不应有锋利边缘，与织带接触的部分应采用圆角过渡。

（2）安全带中使用的动物皮革应无接缝。

（3）安全带中的织带应为整根，同一织带两连接点之间应无接缝。

（4）安全带同工作服设计为一体时，不应封闭在衬里内。

（5）安全带中的主带扎紧扣应可靠，不应意外开启，不应对织带造成损伤。

（6）安全带中的腰带应与护腰带同时使用。

（7）安全带中所使用的缝纫线不应同被缝纫材料起化学反应，颜色应与被缝纫材料有明显区别。

（8）安全带中使用的金属环类零件不应使用焊接件，不应留有开口。

（9）安全带中与系带连接的安全绳在设计结构中不应出现打结。

（10）安全带中的安全绳在与连接器连接时应增加支架或垫层。

109. 如何正确使用和保管安全带？

（1）高处作业必须使用安全带。安全带垂直悬挂时，须高挂低用；水平悬挂时，应注意避免摆动、碰撞。安全带严禁打结、续接，以防止绳结受力后断开。为防止安全带被割断，应避免明火和刺割。不得将挂点装置直接挂在不牢固物体和非金属绳上。

（2）架子工使用的安全带安全绳长度限定在 1.5～2.0 m。

（3）使用 2 m 以上安全绳时，应加装长度调节装置或安全绳回收装置。

（4）缓冲器、自锁器和速差式自控器可以串联使用。

（5）不可任意拆卸安全带上的部件，更换新绳时应注意加绳套。

（6）安全带使用 2 年后，应按批量购入情况，抽验一次。对抽验过的样带，必须在更换安全绳后，方可继续使用。

（7）对于使用频繁的安全带，应经常做外观检查，如有异常，应提前报废并立即更换新绳。

三、安全网

110. 什么是安全网？

安全网是用来防止人、物坠落，或用来避免、减轻坠落及物击伤害的网具。

安全网的适用范围极广，大多用于各种高处作业。高处作业坠落隐患常发生在脚手架、屋顶、窗口、深坑、深槽等处。

111. 安全网由哪些部分组成？

安全网一般由网体、边绳、系绳、筋绳等组成，见表 4-3。

表 4-3　　　　　　　　安全网的组成

名称	定义
网体	由单丝、线、绳等经编织或采用其他成网工艺制成的，构成安全网主体的网状物
边绳	沿网体边缘与网体连接的绳
系绳	把安全网固定在支撑物上的绳
筋绳	为增加安全网强度而有规则地穿在网体上的绳

112. 安全网包括哪些种类?

根据安装平面与水平面的位置及产品功能,安全网可以分为安全平网、安全立网和密目式安全立网 3 类,见表 4-4。

表 4-4　　　　　　　　安全网的分类

名称	定义
安全平网	安装平面不垂直于水平面的安全网,简称平网
安全立网	安装平面垂直于水平面的安全网,简称立网
密目式安全立网	网眼孔径不大于 12 mm,垂直于水平面安装,用于阻挡人员、视线、自然风、飞溅及失控小物体的网,简称密目网,一般由网体、开眼环扣、边绳和附加系绳组成

113. 建筑施工安全网的选用应符合哪些规定?

(1)安全网的材质、规格、物理性能、耐火性、阻燃性应满足国家标准《安全网》(GB 5725—2009)的规定。

(2)密目式安全立网的网目密度应为 10 cm × 10 cm 面积上大于或等于 2 000 目。

(3)施工现场在使用密目式安全立网前,应检查产品分类标记、产品合格证、网目数及网体质量,确认合格后方可使用。

114. 如何标记安全网?

(1)安全平(立)网的分类标记由产品材料、产品分类及产品规格尺寸 3 部分组成。

1)产品分类以字母 P 代表平网、字母 L 代表立网。

2）产品规格尺寸以宽度×长度表示，单位为 m。

3）阻燃型网应在分类标记后加注"阻燃"字样。

示例1：宽度为 3 m，长度为 6 m，材料为锦纶的安全平网表示为"锦纶 P—3×6"。

示例2：宽度为 1.5 m，长度为 6 m，材料为维纶的阻燃型安全立网表示为"维纶 L—1.5×6 阻燃"。

（2）密目式安全立网的分类标记由产品分类、产品规格尺寸和产品级别 3 部分组成。

1）产品分类以字母 ML 代表密目式安全立网。

2）产品规格尺寸以宽度×长度表示，单位为 m。

3）产品级别分为 A 级和 B 级。

示例：宽度为 1.8 m，长度为 10 m 的 A 级密目式安全立网表示为"ML—1.8×10 A 级"。

115. 如何搭设安全网？

在建筑施工中，应在脚手架距地面 3~5 m 处设置首层安全平网，上面每隔 10 m（或小于 10 m）搭设一道伸出脚手架作业层外立面 3 m 宽的安全平网，并随楼层砌高而逐道搭设。使用外脚手架施工时，沿脚手架的外侧面应全部设置密目式安全立网。

安全网有多种架设方式，如支搭、吊挂、兜挂等，在架设安全网时，应根据其位置及作用选用不同的架设方式。

（1）杆件支搭安全平网。脚手架高度 $H \leqslant 24$ m 时，首层安全平网伸出脚手架作业层外立面 3~4 m；脚手架高度 $H > 24$ m 时，首层安全平网伸出脚手架作业层外立面 5~6 m，如图 4-5 所示。

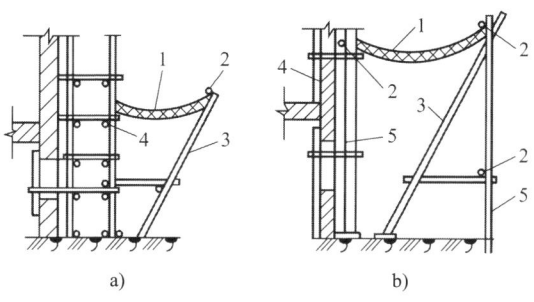

图 4-5 杆件支搭安全平网
a) 3 m 宽安全平网　b) 6 m 宽安全平网
1—安全平网　2—纵向水平杆　3—斜杆　4—栏杆　5—立杆

使用杉篙、竹竿或钢管支搭安全平网时，至少需要 4 人配合，上下层同时操作。图 4-6 所示为施工现场支搭安全平网时应用最多的两种形式。

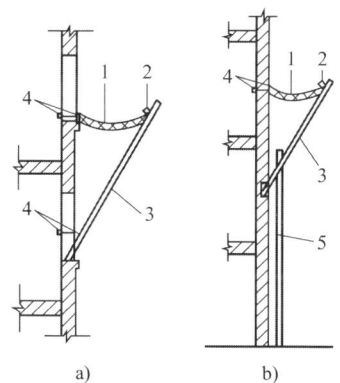

图 4-6 施工现场支搭安全平网时应用最多的两种形式
a) 墙面有窗口　b) 墙面无窗口
1—安全平网　2—纵向水平杆　3—斜杆　4—连墙杆　5—立杆

支搭安全平网的顺序和方法如下。

1）当墙面有窗口时，先将安全平网的外连墙杆（横放在窗口外）

从上一层的窗口伸出去,并与内连墙杆(横放在窗口内)绑扎牢固。在下一层的窗口处将斜杆与安全平网的纵向水平杆绑扎好,然后将斜杆从窗口内支出去撑在窗台上,再与安全平网的外连墙杆绑扎牢固,最后将内外连墙杆绑扎牢固,如图 4-6a)所示。也可以在地面上将安全平网与纵向水平杆和斜杆绑扎好,用绳子将其吊上去,与外连墙杆绑扎后斜向伸出去。

支出去的安全平网外口距离墙面不得小于 2 m,支设安全平网的斜杆间距不得大于 4 m。

2)对于无窗口的山墙,应事先在砌墙时预留洞或设预埋件,以便支撑斜杆。可以在外墙角另立一根立杆,再与斜杆绑扎牢固来架设安全平网,如图 4-6b)所示。还可以将短钢管穿墙与斜杆用回转扣件连接,来支设斜杆和搭设安全平网。

3)如在脚手架上设置安全平网,则应在设置安全平网支架的框架层上下节点各设置一个连墙件,水平方向每隔两跨设置一个连墙件,如图 4-7 所示。

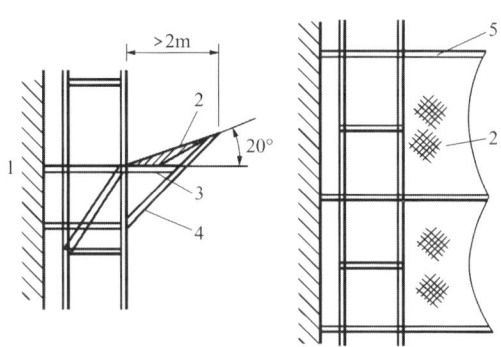

图 4-7 脚手架上安全平网设置
1—连墙件 2—安全平网 3—安全平网支架拉杆 4—安全平网支架撑杆 5—安全平网支架

(2)钢吊杆架设安全平网。用一套工具式的钢吊杆来架设安全平网,如图4-8所示。

(3) 抱角式悬挑支架搭设安全网。在大板结构施工中,山墙阳角处可采用抱角式悬挑支架搭设安全网。抱角式悬挑支架由抱角支架、抱角支架固定器和侧墙支撑器3部分组成。

1)抱角支架(见图4-9)。在建筑物的每个转角处安装一台抱角支架,用来支撑安全网,如图4-9所示。

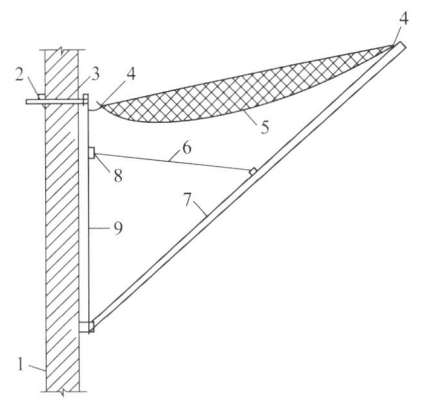

图4-8 钢吊杆架设安全平网
1—砖墙 2—销子 3—销片 4—ϕ12钢筋钩 5—安全平网
6—尼龙绳 7—斜杆 8—卡子 9—ϕ12吊杆

2)抱角支架固定器。每个抱角支架需要2个固定器分别卡在转角处两外墙窗口的墙上,再用2根钢丝绳分别拉住抱角支架的上下两端,使抱角支架悬挂在建筑物的墙角处。

3)侧墙支撑器。利用外窗口固定侧墙支撑器,将安全网撑起来,防止安全网过长而下垂。

在屋面施工时,可将屋面防护卡具卡在檐口板前缘,其间距为1.5 m,安全网挂在卡具的立杆上。

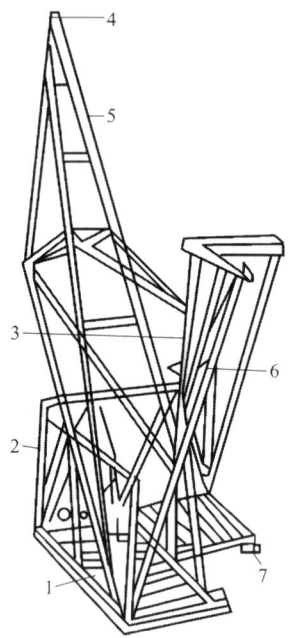

图 4-9 抱角支架
1—平台 2—栏杆 3—靠墙角支架 4—悬挂安全滑轮
5—安全网支架 6—紧线器 7—附墙滑轮

（4）安全立网的设置。高层建筑使用外脚手架施工时，沿脚手架的外侧面应全部设置与地面垂直的安全立网。安全立网应与脚手架的立杆、纵向水平杆、横向水平杆绑扎牢固，与架体外立面的最大间隙不得超过 100 mm。

在操作层上，安全立网的下口应与建筑物挂搭封严，形成兜网，或在操作层脚手板下另设一道固定的安全平网。

116. 安全网在使用中的注意事项有哪些？

对使用中的安全网，应定期或不定期地检查，并及时清理网上的

落物,安全网受到较大冲击后应及时更换。使用时,应避免出现下列现象:

(1)随便拆除安全网的构件;

(2)人跳进或把物品投入安全网内;

(3)在安全网内或下方堆积物品;

(4)火星落入安全网内;

(5)安全网周围有严重腐蚀性烟雾。

第五部分 高处作业现场安全风险管控与事故应急救援

一、高处作业现场安全风险管控

117. 什么是风险点？

风险点是指在施工过程中存在的具有一定危险性并可能导致伤亡事故或财产损失的，可以预测或者提前采取防范措施的行为、状态和缺陷。

118. 什么是风险点排查？

风险点排查是指由建设项目的责任主体单位和人员按照规定的频次对施工现场进行的风险点排查、记录的活动。

119. 与安全帽有关的风险点有哪些？整改时限是什么？

与安全帽有关的风险点及其整改时限见表 5-1。

表 5-1　　与安全帽有关的风险点及其整改时限

风险点	风险类别	整改时限
施工现场人员未佩戴或未正确佩戴安全帽	物体打击	限时整改

续表

风险点	风险类别	整改时限
安全帽质量不符合国家相关标准的要求	物体打击	限时整改

120. 与安全网有关的风险点有哪些？整改时限是什么？

与安全网有关的风险点及其整改时限见表 5-2。

表 5-2　与安全网有关的风险点及其整改时限

风险点	风险类别	整改时限
外脚手架架体外侧未采用密目式安全立网封闭或网间连接不严	高处坠落	限时整改
安全网质量不符合国家相关标准的要求	高处坠落	立即整改

121. 与安全带有关的风险点有哪些？整改时限是什么？

与安全带有关的风险点及其整改时限见表 5-3。

表 5-3　与安全带有关的风险点及其整改时限

风险点	风险类别	整改时限
高处作业人员未按规定系挂安全带或安全带系挂不符合要求	高处坠落	立即整改
安全带质量不符合国家相关标准的要求	高处坠落	立即整改

122. 临边、洞口防护的风险点有哪些？整改时限是什么？

临边、洞口防护的风险点及其整改时限见表 5-4。

表 5-4　临边、洞口防护的风险点及其整改时限

风险点	风险类别	整改时限
作业面边沿无临边防护	高处坠落	立即整改
临边防护设施的构造、强度不符合规范要求	高处坠落	立即整改

续表

风险点	风险类别	整改时限
在建工程的孔洞未采取防护措施	高处坠落	立即整改
防护措施、设施不符合要求或不严密	高处坠落	立即整改
电梯井内未按每隔两层且不大于 10 m 设置安全平网	高处坠落	立即整改

123. 通道口防护的风险点有哪些？整改时限是什么？

通道口防护的风险点及其整改时限见表 5–5。

表 5–5　　　　通道口防护的风险点及其整改时限

风险点	风险类别	整改时限
未搭设安全防护棚或防护不严密、不牢固	物体打击	立即整改
安全防护棚宽度、长度不符合要求	物体打击	限时整改
安全防护棚的材质不符合规范要求	物体打击	限时整改
建筑物高度超过 24 m，安全防护棚棚顶未采用双层防护	物体打击	限时整改

124. 攀登作业的风险点有哪些？整改时限是什么？

攀登作业的风险点及其整改时限见表 5–6。

表 5–6　　　　攀登作业的风险点及其整改时限

风险点	风险类别	整改时限
移动式梯子的梯脚底部垫高使用	高处坠落	限时整改
折梯未使用可靠拉撑装置	高处坠落	限时整改
梯子的材质或制作质量不符合规范要求	高处坠落	限时整改

125. 悬空作业的风险点有哪些？整改时限是什么？

悬空作业的风险点及其整改时限见表 5–7。

表 5–7　悬空作业的风险点及其整改时限

风险点	风险类别	整改时限
悬空作业处未设置防护栏杆或其他可靠的安全防护设施	高处坠落	立即整改
悬空作业人员未挂安全带或佩戴工具袋	高处坠落	立即整改

126. 移动式操作平台的风险点有哪些？整改时限是什么？

移动式操作平台的风险点及其整改时限见表 5–8。

表 5–8　移动式操作平台的风险点及其整改时限

风险点	风险类别	整改时限
移动式操作平台轮子与平台连接不牢固、可靠，或立柱底端距离地面超过 80 mm	高处坠落	立即整改
操作平台的组装不符合设计和规范要求，铺板不严密	高处坠落	立即整改
操作平台四周未按规定设置防护栏杆或未设置登高扶梯	高处坠落	立即整改
操作平台的材质不符合规范要求	高处坠落	立即整改

127. 悬挑式物料钢平台的风险点有哪些？整改时限是什么？

悬挑式物料钢平台的风险点及其整改时限见表 5–9。

表 5–9　悬挑式物料钢平台的风险点及其整改时限

风险点	风险类别	整改时限
悬挑式物料钢平台的下部支撑系统或上部拉结点未设置在建筑结构上	高处坠落	立即整改
斜拉杆或钢丝绳未按要求在平台两侧各设置两道	高处坠落	立即整改
钢平台未按要求设置固定的防护栏杆或挡脚板	物体打击	限时整改
钢平台台面铺板不严或钢平台与建筑结构之间铺板不严	物体打击	限时整改

128. 交叉作业的风险点有哪些？整改时限是什么？

交叉作业的风险点及其整改时限见表 5-10。

表 5-10　　　交叉作业的风险点及其整改时限

风险点	风险类别	整改时限
可能坠落范围半径外未设置警戒线	物体打击	限时整改
人字梯和操作平台不符合安全要求	高处坠落	限时整改
立体交叉作业无隔离防护措施	高处坠落	限时整改

129. 钢管脚手架的风险点有哪些？整改时限是什么？

钢管脚手架的风险点及其整改时限见表 5-11。

表 5-11　　　钢管脚手架的风险点及其整改时限

风险点	风险类别	整改时限
架体搭设超过允许高度，专项施工方案未按规定组织专家论证	违规施工	停工整改
立杆基础不平、不实，底部缺少底座、垫板	坍塌	限时整改
未按规范要求设置纵向扫地杆、横向扫地杆或不符合规范要求	坍塌	限时整改
立杆基础未采取排水措施	坍塌	限时整改
架体与建筑结构拉结方式或间距不符合规范要求	坍塌	限时整改
立杆、纵向水平杆、横向水平杆间距超过设计或规范要求	坍塌	限时整改
未按规定设置纵向剪刀撑或横向斜撑	坍塌	限时整改
承插式立杆接长未采用螺栓或销钉固定	坍塌	限时整改
剪刀撑未沿脚手架高度连续设置或角度不符合规范要求	坍塌	限时整改

续表

风险点	风险类别	整改时限
剪刀撑斜杆的接长或剪刀撑斜杆与架体杆件固定不符合规范要求	坍塌	限时整改
脚手板未满铺或铺设不牢、不稳	高处坠落	限时整改
作业层未设置高度不小于180 mm的挡脚板	物体打击	限时整改
未在立杆与纵向水平杆交点处设置横向水平杆	坍塌	限时整改
未按脚手板铺设的需要增加设置横向水平杆	坍塌	限时整改
纵向水平杆搭接长度小于1 m或固定不符合要求	坍塌	限时整改
立杆除顶层顶步外采用搭接	坍塌	限时整改
杆件对接扣件的布置不符合规范要求	坍塌	限时整改
扣件紧固力矩小于40 N·m或大于65 N·m	坍塌	限时整改
作业层脚手板下未采用安全平网兜底或作业层以下每隔10 m未采用安全平网封闭	高处坠落	限时整改
作业层与建筑物之间未按规定进行封闭	高处坠落	限时整改
钢管直径、壁厚、材质不符合要求，钢管弯曲、变形、锈蚀严重	坍塌	限时整改
未设置人员上下专用通道或通道设置不符合要求	高处坠落	限时整改
型钢悬挑梁固定段长度小于悬挑段长度的1.25倍	坍塌	立即整改
型钢悬挑梁外端未设置钢丝绳或钢拉杆与上一层建筑结构拉结	坍塌	立即整改
型钢悬挑梁与建筑结构锚固措施不符合设计和规范要求	坍塌	停工整改
悬挑层封闭不严实	物体打击	立即整改
拆除作业未按拆除顺序施工	物体打击	立即整改

130. 模板支架的风险点有哪些？整改时限是什么？

模板支架的风险点及其整改时限见表 5–12。

表 5–12 模板支架的风险点及其整改时限

风险点	风险类别	整改时限
超规模模板支架专项施工方案未按规定组织专家论证	坍塌	停工整改
基础不坚实平整，承载力不符合专项施工方案要求	坍塌	立即整改
支架底部未设置垫板或垫板的规格不符合要求	坍塌	限时整改
未按规范要求设置扫地杆	坍塌	限时整改
未设置排水设施	坍塌	跟踪消除
支架设在楼面结构上时，未对楼面结构的承载力进行验算或楼面结构下方未采取加固措施	坍塌	限时整改
立杆纵横向间距大于设计和规范要求	坍塌	限时整改
水平杆步距大于设计和规范要求，水平杆未连续设置	坍塌	限时整改
未按规范要求设置剪刀撑、专用斜杆或设置不符合规范要求	坍塌	限时整改
模板支撑在外脚手架上	坍塌	立即整改
支架高宽比超过规范要求时，未采取与建筑结构刚性连接或增加架体宽度等措施	坍塌	限时整改
立杆伸出顶层水平杆的长度超过规范要求	坍塌	限时整改
浇筑混凝土未对支架的基础沉降、架体变形采取监测措施	坍塌	限时整改
荷载堆放不均匀	坍塌	限时整改
立杆、水平杆、剪刀撑、斜杆连接不符合规范要求	坍塌	限时整改
杆件各连接点的紧固不符合规范要求	坍塌	限时整改

续表

风险点	风险类别	整改时限
螺杆直径与立杆内径不匹配	坍塌	限时整改
螺杆旋入螺母内的长度或外伸长度不符合规范要求	坍塌	限时整改
钢管、构配件的规格、型号、材质不符合规范要求，杆件弯曲、变形、锈蚀严重	坍塌	限时整改
未按规定设置警戒区或未设置专人监护	物体打击	限时整改
支架拆除前未确认混凝土强度达到设计要求	坍塌	立即整改
拆模不到位，留下悬空模板	物体打击	限时整改

131. 高处作业吊篮的风险点有哪些？整改时限是什么？

高处作业吊篮的风险点及其整改时限见表 5-13。

表 5-13 高处作业吊篮的风险点及其整改时限

风险点	风险类别	整改时限
未编制专项施工方案或未对吊篮支架支撑处结构的承载力进行验算	高处坠落	立即整改
未安装防坠安全锁或防坠安全锁失灵	高处坠落	立即整改
防坠安全锁超过标定期限仍在使用	高处坠落	立即整改
未设置挂设安全带的专用安全绳及安全锁扣，或安全绳未固定在建筑物可靠位置	高处坠落	立即整改
吊篮未安装上限位装置或限位装置失灵	高处坠落	立即整改
悬挂机构前支架支撑在建筑物女儿墙上或挑檐边缘	高处坠落	立即整改
前梁外伸长度不符合产品说明书规定	高处坠落	立即整改
前支架与支撑面不垂直或脚轮受力	高处坠落	立即整改
上支架未固定在前支架调节杆与悬挑梁连接的节点处	高处坠落	立即整改

续表

风险点	风险类别	整改时限
使用破损的配重块或其他替代物	高处坠落	立即整改
配重块未固定或重量不符合设计规定	高处坠落	立即整改
钢丝绳有断丝、松股、硬弯、锈蚀或有油污附着物	高处坠落	立即整改
安全钢丝绳规格、型号与工作钢丝绳不相同或未独立悬挂	高处坠落	立即整改
安全钢丝绳未悬垂	高处坠落	立即整改
电焊作业时未对钢丝绳采取保护措施	高处坠落	立即整改
吊篮平台组装长度不符合产品说明书和规范要求	高处坠落	立即整改
吊篮组装的构配件不是同一生产厂家的产品	高处坠落	立即整改
吊篮内作业人员数量超过2人	高处坠落	立即整改
吊篮内作业人员未有效佩戴安全带	高处坠落	立即整改
作业人员未从地面进出吊篮	高处坠落	限时整改
吊篮平台周边的防护栏杆或挡脚板的设置不符合规范要求	物体打击	限时整改
多层或立体交叉作业未设置防护顶板	物体打击	限时整改
吊篮作业未采取防摆动措施	高处坠落	限时整改
吊篮钢丝绳不垂直或吊距建筑物空隙过大	高处坠落	限时整改
施工荷载超过设计规定或荷载堆放不均匀	高处坠落	立即整改

二、高处作业安全检查

132. 安全管理检查评定项目有哪些？

安全管理检查评定保证项目应包括安全生产责任制、施工组织设计及专项施工方案、安全技术交底、安全检查、安全教育、应急救援，一般项目应包括分包单位安全管理、持证上岗、生产安全事故处理、安全标志。

133. 安全管理保证项目的检查评定应符合哪些规定？

（1）安全生产责任制

1）工程项目部应建立以项目经理为第一责任人的各级管理人员安全生产责任制。

2）安全生产责任制应经责任人签字确认。

3）工程项目部应有各工种安全技术操作规程。

4）工程项目部应按规定配备专职安全员。

5）对实行经济承包的工程项目，承包合同中应有安全生产考核指标。

6）工程项目部应制定安全生产资金保障制度。

7）应按安全生产资金保障制度编制安全生产资金使用计划，并应按计划实施。

8）工程项目部应制定以伤亡事故控制、现场安全达标、文明施工为主要内容的安全管理目标。

9）应按安全管理目标和项目管理人员的安全生产责任制，进行安全生产责任目标分解。

10）应建立对安全生产责任制和责任目标的考核制度。

11）应按考核制度定期对项目管理人员进行考核。

（2）施工组织设计及专项施工方案

1）工程项目部在施工前应编制施工组织设计，施工组织设计应针对工程特点、施工工艺制定安全技术措施。

2）危险性较大的分部分项工程应按规定编制专项施工方案，专项施工方案应有针对性，并按有关规定进行设计计算。

3）超过一定规模且危险性较大的分部分项工程，施工单位应组织专家对专项施工方案进行论证。

4）施工组织设计、专项施工方案，应由有关部门审核，施工单位技术负责人、监理单位项目总监批准。

5）工程项目部应按施工组织设计、专项施工方案组织实施。

（3）安全技术交底

1）施工负责人在分派生产任务时，应对相关管理人员、施工人员进行书面安全技术交底。

2）安全技术交底应按施工工序、施工部位、施工栋号分部分项进行。

3）安全技术交底应结合施工作业场所状况、特点、工序，对危险因素、施工方案、规范标准、操作规程和应急措施进行交底。

4）安全技术交底应由交底人、被交底人、专职安全员进行签字确认。

（4）安全检查

1）工程项目部应建立安全检查制度。

2）安全检查应由项目负责人组织，专职安全员及相关专业人员参加，定期进行并填写检查记录。

3）对检查中发现的事故隐患应下达隐患整改通知单，定人、定时间、定措施进行整改。重大事故隐患整改后，应由相关部门组织复查。

（5）安全教育

1）工程项目部应建立安全教育培训制度。

2）当施工人员入场时，工程项目部应组织进行以国家安全法律法规、企业安全制度、施工现场安全管理规定及各工种安全技术操作规程为主要内容的三级安全教育培训和考核。

3）当施工人员变换工种或采用新技术、新工艺、新设备、新材料施工时，应进行安全教育培训。

4）施工管理人员、专职安全员每年度应进行安全教育培训和考核。

（6）应急救援

1）工程项目部应针对工程特点，进行重大危险源的辨识。应制定以防触电、防坍塌、防高处坠落、防起重机械伤害、防火灾、防物体打击等为主要内容的专项应急救援预案，并对施工现场易发生重大生产安全事故的部位、环节进行监控。

2）施工现场应建立应急救援组织，培训、配备应急救援人员，定期组织应急救援演练。

3）应按应急救援预案要求配备应急救援器材和设备。

134. 安全管理一般项目的检查评定应符合哪些规定？

（1）分包单位安全管理

1）总包单位应对承揽分包工程的分包单位进行资质、安全生产许可证和相关人员安全生产资格的审查。

2）当总包单位与分包单位签订分包合同时，应签订安全生产协议书，明确双方的安全生产责任。

3）分包单位应按规定建立安全机构，配备专职安全员。

（2）持证上岗

1）从事建筑施工的项目经理、专职安全员和特种作业人员，必须经行业主管部门培训考核合格，取得相应资格证书，方可上岗作业。

2）项目经理、专职安全员和特种作业人员应持证上岗。

（3）生产安全事故处理

1）当施工现场发生生产安全事故时，施工单位应按规定及时报告。

2）施工单位应按规定对生产安全事故进行调查分析，制定防范措施。

3）应依法为施工人员办理保险。

（4）安全标志

1）施工现场入口处及主要施工区域、危险部位应设置相应的安全标志牌。

2）施工现场应绘制安全标志布置图。

3）应根据工程部位和现场设施的变化，调整安全标志牌设置。

4）施工现场应设置重大危险源公示牌。

135. 高处作业吊篮检查评定应符合哪些规定？

（1）高处作业吊篮检查评定应符合行业标准《建筑施工工具式脚手架安全技术规范》（JGJ 202—2010）的规定。

（2）高处作业吊篮检查评定保证项目应包括施工方案、安全装置、悬挂机构、钢丝绳、安装作业、升降作业，一般项目应包括交底与验收、安全防护、吊篮稳定、荷载。

（3）保证项目的检查评定应符合下列规定。

1）施工方案。①吊篮安装作业应编制专项施工方案，吊篮支架支撑处的结构承载力应经过验算。②专项施工方案应按规定进行审核、审批。

2）安全装置。①吊篮应安装防坠安全锁，并应灵敏、有效。②防坠安全锁不得超过标定期限。③吊篮应设置作业人员挂设安全带专用的安全绳和安全锁扣,安全绳应固定在建筑物可靠位置上,不得与吊篮上的任何部位连接。④吊篮应安装上限位装置,并应保证限位装置灵敏、可靠。

3)悬挂机构。①前支架不得支撑在女儿墙及建筑物外挑檐边缘等非承重结构上。②前梁外伸长度应符合产品说明书规定。③前支架应与支撑面垂直,且脚轮不得受力。④上支架应固定在前支架调节杆与悬挑梁连接的节点处。⑤严禁使用破损的配重块或其他替代物。⑥配重块应固定可靠,重量应符合设计规定。

4)钢丝绳。①钢丝绳不应存在断丝、断股、松股、锈蚀、硬弯等情况,不得有油污和附着物。②安全钢丝绳应单独设置,型号、规格应与工作钢丝绳一致。③吊篮运行时,安全钢丝绳应张紧悬垂。④电焊作业时,应对钢丝绳采取保护措施。

5)安装作业。①吊篮平台的组装长度应符合产品说明书和规范要求。②吊篮的构配件应为同一厂家的产品。

6)升降作业。①必须由经过培训合格的人员操作吊篮升降。②吊篮内的作业人员应不超过2人。③吊篮内作业人员应将安全带用安全锁扣正确挂置在独立设置的专用安全绳上。④作业人员应从地面进出吊篮。

(4)一般项目的检查评定应符合下列规定。

1)交底与验收。①吊篮安装完毕,应按规范要求进行验收,验收表应由责任人签字确认。②班前、班后应按规定对吊篮进行检查。③吊篮安装、使用前对作业人员进行安全技术交底,并应有文字记录。

2)安全防护。①吊篮平台周边的防护栏杆、挡脚板的设置应符合规范要求。②上下立体交叉作业时,吊篮应设置顶部防护板。

3）吊篮稳定。①吊篮作业时应采取防止摆动的措施。②吊篮与作业面的距离应在规定要求范围内。

4）荷载。①吊篮施工荷载应符合设计要求。②吊篮施工荷载应均匀分布。

136. 高处作业吊篮检查评分表的内容是什么？

高处作业吊篮检查评分表的内容见表5-14。

表5-14　　　　高处作业吊篮检查评分表的内容

检查项目		扣分标准	应得分数	扣减分数	实得分数
保证项目	施工方案	未编制专项施工方案或未对吊篮支架支撑处结构的承载力进行验算，扣10分 专项施工方案未按规定审核、审批，扣10分	10		
	安全装置	未安装防坠安全锁或安全锁失灵，扣10分 防坠安全锁超过标定期限仍在使用，扣10分 未设置挂设安全带的专用安全绳及安全锁扣，或安全绳未固定在建筑物可靠位置，扣10分 吊篮未安装上限位装置或限位装置失灵，扣10分	10		
	悬挂机构	悬挂机构前支架支撑在建筑物女儿墙上或挑檐边缘，扣10分 前梁外伸长度不符合产品说明书规定，扣10分 前支架与支撑面不垂直或脚轮受力，扣10分 上支架未固定在前支架调节杆与悬挑梁连接的节点处，扣5分 使用破损的配重件或其他替代物，扣10分 配重件未固定或重量不符合设计规定，扣10分	10		
	钢丝绳	钢丝绳有断丝、松股、硬弯、锈蚀或有油污、附着物，扣10分 安全钢丝绳规格、型号与工作钢丝绳不相同或未独立悬挂，扣10分 安全钢丝绳不悬垂，扣10分 电焊作业时未对钢丝绳采取保护措施，扣5~10分	10		
	安装作业	吊篮平台组装长度不符合产品说明书和规范要求，扣10分 吊篮组装的构配件不是同一生产厂家的产品，扣5~10分	10		

续表

检查项目		扣分标准	应得分数	扣减分数	实得分数
保证项目	升降作业	操作升降人员未经培训合格，扣10分 吊篮内作业人员数量超过2人，扣10分 吊篮内作业人员未将安全带用安全锁扣挂置在独立设置的专用安全绳上，扣10分 作业人员未从地面进出吊篮，扣5分	10		
		小计	60		
一般项目	交底与验收	未履行验收程序，验收表未经责任人签字确认，扣5～10分 验收内容未进行量化，扣5分 每天班前、班后未进行检查，扣5分 吊篮安装、使用前未进行交底或交底未留有文字记录，扣5～10分	10		
	安全防护	吊篮平台周边的防护栏杆或挡脚板的设置不符合规范要求，扣5～10分 多层或立体交叉作业未设置防护顶板，扣8分	10		
	吊篮稳定	吊篮作业未采取防摆动措施，扣5分 吊篮钢丝绳不垂直或吊篮距建筑物空隙过大，扣5分	10		
	荷载	施工荷载超过设计规定，扣10分 荷载堆放不均匀，扣5分	10		
		小计	40		
		检查项目合计	100		

137. 高处作业检查评定应符合哪些规定？

（1）高处作业检查评定应符合国家标准《头部防护 安全帽》（GB 2811—2019）、《安全网》（GB 5725—2009）、《坠落防护 安全带》（GB 6095—2021）和行业标准《建筑施工高处作业安全技术规范》（JGJ 80—2016）的规定。

（2）高处作业检查评定项目包括安全帽、安全网、安全带、临边防护、洞口防护、通道口防护、攀登作业、悬空作业、移动式操作平台、悬挑式物料钢平台。

（3）高处作业检查评定应符合下列规定。

1）安全帽。①进入施工现场的人员必须正确佩戴安全帽。②安全帽的质量应符合规范要求。

2）安全网。①在建工程外脚手架的外侧应使用密目式安全立网进行封闭。②安全网的质量应符合规范要求。

3）安全带。①高处作业人员应按规定系挂安全带。②安全带的系挂应符合规范要求。③安全带的质量应符合规范要求。

4）临边防护。①作业面边沿应设置连续的临边防护设施。②临边防护设施的构造、强度应符合规范要求。③临边防护设施宜定型化、工具式，杆件的规格及连接固定方式应符合规范要求。

5）洞口防护。①在建工程的预留洞口、楼梯口、电梯井口等孔洞应采取防护措施。②防护措施、设施应符合规范要求。③防护设施宜定型化、工具化。④电梯井内每隔2层且不大于10 m应设置安全平网防护。

6）通道口防护。①通道口防护应严密、牢固。②防护棚两侧应采取封闭措施。③防护棚宽度应大于通道口宽度，长度应符合规范要求。④建筑物高度超过24 m时，通道口防护顶棚应采用双层防护。⑤防护棚的材质应符合规范要求。

7）攀登作业。①梯脚底部应坚实，不得垫高使用。②折梯使用时上部夹角以35°～45°为宜，并应设有可靠的拉撑装置。③梯子的制作质量和材质应符合规范要求。

8）悬空作业。①悬空作业处应设置防护栏杆或采取其他可靠的安全措施。②悬空作业所使用的索具、吊具等应经验收，合格后方可使用。③悬空作业人员应系挂安全带，佩戴工具袋。

9）移动式操作平台。①操作平台应按规定进行设计计算。②移动式操作平台轮子与平台连接应牢固、可靠，立柱底端距地面高度不得大于 80 mm。③操作平台应按设计和规范要求进行组装，铺板应严密。④操作平台四周应按规范要求设置防护栏杆，并应设置登高扶梯。⑤操作平台的材质应符合规范要求。

10）悬挑式物料钢平台。①悬挑式物料钢平台的制作、安装应编制专项施工方案，并应进行设计计算。②悬挑式物料钢平台的下部支撑系统或上部拉结点，应设置在建筑结构上。③斜拉杆或钢丝绳应按规范要求在平台两侧各设置前后两道。④钢平台两侧必须安装固定的防护栏杆，并应在平台明显处设置荷载限定标牌。⑤钢平台台面、钢平台与建筑结构间铺板应严密、牢固。

138. 高处作业检查评分表的内容是什么？

高处作业检查评分表的内容见表 5–15。

表 5–15　　高处作业检查评分表的内容

检查项目	扣分标准	应得分数	扣减分数	实得分数
安全帽	施工现场人员未戴安全帽，每人扣 5 分 未按标准佩戴安全帽，每人扣 2 分 安全帽质量不符合国家相关标准的要求，扣 5 分	10		
安全网	在建工程外脚手架架体外侧未采用密目式安全立网封闭或网间连接不严，扣 2~10 分 安全网质量不符合国家相关标准的要求，扣 10 分	10		
安全带	高处作业人员未按规定系挂安全带，每人扣 5 分 安全带系挂不符合要求，每人扣 5 分 安全带质量不符合国家相关标准的要求，扣 10 分	10		
临边防护	工作面边沿无临边防护，扣 10 分 临边防护设施的构造、强度不符合规范要求，扣 5 分 防护设施未形成定型化、工具式，扣 3 分	10		

续表

检查项目	扣分标准	应得分数	扣减分数	实得分数
洞口防护	在建工程的孔、洞未采取防护措施，每处扣 5 分 防护措施、设施不符合要求或不严密，每处扣 3 分 防护设施未形成定型化、工具式，扣 3 分 电梯井内未按每隔 2 层且不大于 10 m 设置安全平网，扣 5 分	10		
通道口防护	未搭设安全防护棚或防护不严、不牢固，扣 5～10 分 安全防护棚两侧未进行封闭，扣 4 分 安全防护棚宽度小于通道口宽度，扣 4 分 安全防护棚长度不符合要求，扣 4 分 建筑物高度超过 24 m 时，安全防护棚顶未采用双层防护，扣 4 分 安全防护棚的材质不符合规范要求，扣 5 分	10		
攀登作业	移动式梯子的梯脚底部垫高使用，扣 3 分 折梯未使用可靠拉撑装置，扣 5 分 梯子的制作质量或材质不符合规范要求，扣 10 分	10		
悬空作业	悬空作业处未设置防护栏杆或其他可靠的安全防护设施，扣 5～10 分 悬空作业所用的索具、吊具等未经验收，扣 5 分 悬空作业人员未系挂安全带或佩戴工具袋，扣 2～10 分	10		
移动式操作平台	操作平台未按规定进行设计计算，扣 8 分 移动式操作平台轮子与平台的连接不牢固、可靠或立柱底端距离地面超过 80 mm，扣 5 分 操作平台的组装不符合设计和规范要求，扣 10 分 平台台面铺板不严，扣 5 分 操作平台四周未按规定设置防护栏杆或未设置登高扶梯，扣 10 分 操作平台的材质不符合规范要求，扣 10 分	10		
悬挑式物料钢平台	未编制专项施工方案或未经设计计算，扣 10 分 悬挑式物料钢平台的下部支撑系统或上部拉结点，未设置在建筑结构上，扣 10 分 斜拉杆或钢丝绳未按要求在平台两侧各设置两道，扣 10 分 钢平台未按要求设置固定的防护栏杆或挡脚板，扣 3～10 分 钢平台台面铺板不严或钢平台与建筑结构之间铺板不严，扣 5 分 未在平台明显处设置荷载限定标牌，扣 5 分	10		
检查项目合计		100		

139. 扣件式钢管脚手架检查评定项目有哪些?

扣件式钢管脚手架检查评定保证项目应包括施工方案、立杆基础、架体与建筑结构拉结、杆件间距与剪刀撑、脚手板与防护栏杆、交底与验收,一般项目应包括横向水平杆设置、杆件连接、层间防护、构配件材质、通道。

140. 扣件式钢管脚手架保证项目的检查评定应符合哪些规定?

(1) 施工方案

1) 架体搭设应编制专项施工方案,结构设计应进行计算,并按规定进行审核、审批。

2) 当架体搭设超过规范允许高度时,应组织专家对专项施工方案进行论证。

(2) 立杆基础

1) 立杆基础应按方案要求平整、夯实,并应采取排水措施,立杆底部设置的垫板、底座应符合规范要求。

2) 架体应在距立杆底端高度不大于 200 mm 处设置纵向扫地杆、横向扫地杆,并应用直角扣件固定在立杆上,横向扫地杆应设置在纵向扫地杆的下方。

(3) 架体与建筑结构拉结

1) 架体与建筑结构拉结应符合规范要求。

2) 连墙件应从架体底层第一步纵向水平杆处开始设置,当该处设置有困难时,应采取其他可靠措施固定。

3) 搭设高度超过 24 m 的双排脚手架时,应采用刚性连墙件与建筑结构可靠拉结。

（4）杆件间距与剪刀撑

1）架体立杆、纵向水平杆、横向水平杆间距应符合设计和规范要求。

2）纵向剪刀撑及横向斜撑的设置应符合规范要求。

3）剪刀撑杆件的接长、剪刀撑斜杆与架体杆件的固定应符合规范要求。

（5）脚手板与防护栏杆

1）脚手板材质、规格应符合规范要求，铺板应严密、牢靠。

2）架体外侧应采用密目式安全立网封闭，网间连接应严密。

3）作业层应按规范要求设置防护栏杆。

4）作业层外侧应设置高度不小于 180 mm 的挡脚板。

（6）交底与验收

1）架体搭设前应进行安全技术交底，并应有文字记录。

2）当架体分段搭设、分段使用时，应进行分段验收。

3）搭设完毕应办理验收手续，验收应有量化内容并经责任人签字确认。

141. 扣件式钢管脚手架检查评分表的内容是什么？

扣件式钢管脚手架检查评分表的内容见表 5-16。

表 5-16　　　　扣件式钢管脚手架检查评分表的内容

检查项目		扣分标准	应得分数	扣减分数	实得分数
保证项目	施工方案	架体搭设未编制专项施工方案或未按规定审核、审批，扣 10 分 架体结构设计未进行设计计算，扣 10 分 架体搭设超过规范允许高度，专项施工方案未按规定组织专家论证，扣 10 分	10		

第五部分　高处作业现场安全风险管控与事故应急救援

续表

检查项目		扣分标准	应得分数	扣减分数	实得分数
保证项目	立杆基础	立杆基础不平、不实，不符合专项施工方案要求，扣 5~10 分 立杆底部缺少底座、垫板或垫板的规格不符合规范要求，每处扣 2~5 分 未按规范要求设置纵向扫地杆、横向扫地杆，扣 5~10 分 扫地杆的设置和固定不符合规范要求，扣 5 分 未采取排水措施，扣 8 分	10		
	架体与建筑结构拉结	架体与建筑结构拉结方式或间距不符合规范要求，每处扣 2 分 架体底层第一步纵向水平杆处未按规定设置连墙件或未采用其他可靠措施固定，每处扣 2 分 搭设高度超过 24 m 的双排脚手架时，未采用刚性连墙件与建筑结构可靠连接，扣 10 分	10		
	杆件间距与剪刀撑	立杆、纵向水平杆、横向水平杆间距超过设计或规范要求，每处扣 2 分 未按规定设置纵向剪刀撑或横向斜撑，每处扣 5 分 剪刀撑未沿脚手架高度连续设置或角度不符合规范要求，扣 5 分 剪刀撑斜杆的接长或剪刀撑斜杆与架体杆件固定不符合规范要求，每处扣 2 分	10		
	脚手板与防护栏杆	脚手板未满铺或铺设不牢、不稳，扣 5~10 分 脚手板规格或材质不符合规范要求，扣 5~10 分 架体外侧未设置密目式安全立网封闭或网间连接不严，扣 5~10 分 作业层防护栏杆不符合规范要求，扣 5 分 作业层未设置高度不小于 180 mm 的挡脚板，扣 3 分	10		
	交底与验收	架体搭设前未进行交底或交底无文字记录，扣 5~10 分 架体分段搭设、分段使用未进行分段验收，扣 5 分 架体搭设完毕未办理验收手续，扣 10 分 验收内容未进行量化，或未经责任人签字确认，扣 5 分	10		
		小计	60		
一般项目	横向水平杆设置	未在立杆与纵向水平杆交点处设置横向水平杆，每处扣 2 分 未按脚手板铺设的需要增加设置横向水平杆，每处扣 2 分	10		

续表

检查项目		扣分标准	应得分数	扣减分数	实得分数
一般项目	杆件连接	双排脚手架横向水平杆只固定一端,每处扣 2 分 单排脚手架横向水平杆插入墙内小于 180 mm,每处扣 2 分 纵向水平杆搭接长度小于 1 m 或固定不符合要求,每处扣 2 分 立杆除顶层顶步外采用搭接,每处扣 4 分 杆件对接扣件的布置不符合规范要求,扣 2 分 扣件紧固力矩小于 40 N·m 或大于 65 N·m,每处扣 2 分	10		
	层间防护	作业层脚手板下未采用安全平网兜底或作业层以下每隔 10 m 未采用安全平网封闭,扣 5 分 作业层与建筑物之间未按规定进行封闭,扣 5 分	10		
	构配件材质	钢管直径、壁厚、材质不符合要求,扣 5 分 钢管弯曲、变形、锈蚀严重,扣 5 分 扣件未进行复试或技术性能不符合标准,扣 5 分	5		
	通道	未设置人员上下专用通道,扣 5 分 通道设置不符合要求,扣 2 分	5		
		小计	40		
		检查项目合计	100		

142. 模板支架检查评定项目有哪些?

模板支架检查评定保证项目应包括施工方案、支架基础、支架构造、支架稳定、施工荷载、交底与验收,一般项目应包括杆件连接、底座与托撑、构配件材质、支架拆除。

143. 模板支架保证项目的检查评定应符合哪些规定?

(1)施工方案

1)模板支架搭设应编制专项施工方案,结构设计应进行计算,并应按规定进行审核、审批。

2）模板支架搭设高度在 8 m 及以上；跨度在 18 m 及以上，施工总荷载在 15 kN/m² 及以上；集中线荷载在 20 kN/m 及以上的专项施工方案，应按规定组织专家论证。

（2）支架基础

1）基础应坚实、平整，承载力应符合设计要求，并应能承受支架上部全部荷载。

2）支架底部应按规范要求设置底座、垫板，垫板规格应符合规范要求。

3）支架底部纵向扫地杆、横向扫地杆的设置应符合规范要求。

4）基础应采取排水设施，并应排水畅通。

5）当支架设在楼面结构上时，应对楼面结构强度进行验算，必要时应对楼面结构采取加固措施。

（3）支架构造

1）立杆间距应符合设计和规范要求。

2）水平杆步距应符合设计和规范要求，水平杆应按规范要求连续设置。

3）竖向剪刀撑、水平剪刀撑或专用斜杆、水平斜杆的设置应符合规范要求。

（4）支架稳定

1）支架高宽比大于规定值时，应按规定设置连墙杆或采取增加架体宽度的加强措施。

2）立杆伸出顶层水平杆中心线至支撑点的长度应符合规范要求。

3）浇筑混凝土时应对架体基础沉降、架体变形进行监控，基础沉降、架体变形应在规定允许范围内。

（5）施工荷载

1）施工均布荷载、集中荷载应在设计允许范围内。

2）浇筑混凝土时，应对混凝土堆积高度进行控制。

（6）交底与验收

1）支架搭设、拆除前应进行交底，并应有交底记录。

2）支架搭设完毕，应按规定组织验收，验收应有量化内容并经责任人签字确认。

144. 模板支架检查评分表的内容是什么？

模板支架检查评分表的内容见表 5-17。

表 5-17　　　　模板支架检查评分表的内容

检查项目		扣分标准	应得分数	扣减分数	实得分数
保证项目	施工方案	未按规定编制专项施工方案或结构设计未经计算，扣 10 分 专项施工方案未经审核、审批，扣 10 分 超规模模板支架专项施工方案未按规定组织专家论证，扣 10 分	10		
	支架基础	基础不坚实、平整，承载力不符合专项施工方案要求，扣 5～10 分 支架底部未设置垫板或垫板的规格不符合规范要求，扣 5～10 分 支架底部未按规范要求设置底座，每处扣 2 分 未按规范要求设置扫地杆，扣 5 分 未设置排水设施，扣 5 分 支架设在楼面结构上时，未对楼面结构的承载力进行验算或楼面结构下方未采取加固措施，扣 10 分	10		

续表

检查项目		扣分标准	应得分数	扣减分数	实得分数
保证项目	支架构造	立杆纵向间距及横向间距大于设计和规范要求,每处扣2分 水平杆步距大于设计和规范要求,每处扣2分 水平杆未连续设置,扣5分 未按规范要求设置竖向剪刀撑或专用斜杆,扣10分 未按规范要求设置水平剪刀撑或专用水平斜杆,扣10分 剪刀撑或水平斜杆设置不符合规范要求,扣5分	10		
	支架稳定	支架高宽比超过规范要求未采取与建筑结构刚性连接或增加架体宽度等措施,扣10分 立杆伸出顶层水平杆的长度超过规范要求,每处扣2分 浇筑混凝土未对支架的基础沉降、架体变形采取监测措施,扣8分	10		
	施工荷载	荷载堆放不均匀,每处扣5分 施工荷载超过设计规定,扣10分 浇筑混凝土未对混凝土堆积高度进行控制,扣8分	10		
	交底与验收	支架搭设、拆除前未进行交底或无文字记录,扣5~10分 架体搭设完毕未办理验收手续,扣10分 验收内容未进行量化,或未经责任人签字确认,扣5分	10		
		小计	60		
一般项目	杆件连接	立杆连接不符合规范要求,扣3分 水平杆连接不符合规范要求,扣3分 剪刀撑斜杆接长不符合规范要求,每处扣3分 杆件各连接点的紧固不符合规范要求,每处扣2分	10		
	底座与托撑	螺杆直径与立杆内径不匹配,每处扣3分 螺杆旋入螺母内的长度或外伸长度不符合规范要求,每处扣3分	10		
	构配件材质	钢管、构配件的规格、型号、材质不符合规范要求,扣5~10分 杆件弯曲、变形、锈蚀严重,扣10分	10		
	支架拆除	支架拆除前未确认混凝土强度达到设计要求,扣10分 未按规定设置警戒区或未设置专人监护,扣5~10分	10		
		小计	40		
		检查项目合计	100		

三、高处作业事故应急救援

145. 施工现场伤亡事故的类别有哪些?

伤亡事故指在生产劳动过程中发生的人身伤害(简称伤害)、急性中毒(简称中毒)。《企业职工伤亡事故分类》(GB/T 6441—1986)中把事故分为以下20类。

(1)物体打击,指落物、锤击、滚石、碎裂崩块等造成的伤害,包括因爆炸而引起的物体打击。

(2)机械伤害,包括碾、绞、碰、戳、割等。

(3)车辆伤害,包括挤、撞、压、倾覆等。

(4)触电,包括雷击伤害。

(5)起重伤害,指起重设备在操作过程中所引起的伤害。

(6)灼烫。

(7)淹溺。

(8)火灾。

(9)坍塌,包括建筑物、土石方、堆置物等倒塌。

(10)高处坠落,包括从架子、屋顶坠落以及从平地坠入地坑等。

(11)冒顶片帮。

(12)放炮。

(13)透水。

(14)火药爆炸。

(15)瓦斯爆炸,包括煤粉爆炸。

(16)锅炉爆炸。

(17) 容器爆炸。

(18) 其他爆炸，包括化学爆炸、钢水包爆炸、炉膛爆炸等。

(19) 中毒和窒息，指煤气、沥青、油气、一氧化碳等引起的中毒和窒息。

(20) 其他伤害，包括跌伤、扭伤、野兽咬伤等。

146. 事故的原因有哪些？

（1）直接原因

1）不安全状态。根据《企业职工伤亡事故分类》（GB/T 6441—1986）的规定，不安全状态分类见表5-18。

表 5-18　　　　　　　不安全状态分类

类别	具体不安全状态
防护、保险、信号等装置缺乏或有缺陷	①无防护：无防护罩，无安全保险装置，无报警装置，无安全标志，无护栏或护栏损坏，（电气）未接地，绝缘不良，局部通风机无消音系统、噪声过大，危房内作业，未安装防止"跑车"的挡车器或挡车栏等 ②防护不当：防护罩未在适当位置，防护装置调整不当，坑道掘进、隧道开凿支撑不当，防爆装置不当，采伐、集材作业安全距离不够，放炮作业隐蔽所有缺陷，电气装置带电部分裸露等
设备、设施、工具、附件有缺陷	①设计不当，结构不符合安全要求：通道门遮挡视线，制动装置有缺陷，安全间距不够，拦车网有缺陷，工件有锋利毛刺、毛边，设施上有锋利棱角等 ②强度不够：机械强度不够，绝缘强度不够，起吊重物的绳索不符合安全要求等 ③设备在非正常状态下运行：设备带"病"运转，超负荷运转等 ④维修、调整不良：设备失修，地面不平，保养不当，设备失灵等
劳动防护用品、用具（防护服、手套、护目镜及面罩、呼吸器官护具、听力护具、安全带、安全帽、安全鞋等）缺少或有缺陷	①无劳动防护用品、用具 ②所用劳动防护用品、用具不符合安全要求

续表

类别	具体不安全状态
生产（施工）场地环境不良	①照明光线不良：照度不足；作业场地烟雾、尘弥漫，视物不清；光线过强 ②通风不良：无通风，通风系统效率低，风流短路，停电停风时放炮作业，瓦斯排放未达到安全浓度放炮作业，瓦斯超限等 ③作业场所狭窄 ④作业场地杂乱：工具、制品、材料堆放不安全，采伐时未开"安全道"，迎门树、坐殿树、搭挂树未做处理等 ⑤交通线路的配置不安全 ⑥操作工序设计或配置不安全 ⑦地面滑：地面有油或其他液体，冰雪覆盖，地面有其他易滑物 ⑧储存方法不安全 ⑨环境温度、湿度不适

2）人的不安全行为。根据《企业职工伤亡事故分类》（GB/T 6441—1986）的规定，不安全行为分类见表5-19。

表5-19　　　　　　不安全行为分类

类别	具体不安全行为
操作错误，忽视安全，忽视警告	①未经许可开动、关停、移动机器 ②开动、关停机器时未给信号 ③开关未锁紧，造成意外转动、通电或泄漏等 ④忘记关闭设备 ⑤忽视警告标志、警告信号 ⑥操作（按钮、阀门、扳手、把柄等的操作）错误 ⑦奔跑作业 ⑧供料或送料速度过快 ⑨机器超速运转 ⑩违章驾驶机动车 ⑪酒后作业 ⑫客货混载 ⑬冲压机作业时，手伸进冲压模 ⑭工件紧固不牢 ⑮用压缩空气吹铁屑 ⑯其他

第五部分　高处作业现场安全风险管控与事故应急救援

续表

类别	具体不安全行为
造成安全装置失效	①拆除了安全装置 ②安全装置堵塞，失去其作用 ③调整错误造成安全装置失效 ④其他
使用不安全设备	①临时使用不牢固的设施 ②使用无安全装置的设备 ③其他
手代替工具操作	①用手代替手动工具 ②用手清除切屑 ③不用夹具固定，用手拿工件进行机加工
物体（成品、半成品、材料、工具、切屑和生产用品等）存放不当	—
冒险进入危险场所	①冒险进入涵洞 ②接近漏料处（无安全防护设施） ③采伐、集材、运材、装车时，未脱离危险区 ④未经安全监察人员允许进入油罐或井中 ⑤未"敲帮问顶"开始作业 ⑥冒进信号 ⑦调车场超速上下车 ⑧易燃易爆场合存在明火 ⑨私自搭乘矿车 ⑩在绞车道行走 ⑪未及时瞭望
攀、坐不安全位置（如平台护栏、汽车挡板、吊车吊钩）	—
在起吊物下作业、停留	—
机器运转时加油、修理、检查、调整、焊接、清扫等	—
有分散注意力的行为	—
在必须使用劳动防护用品、用具的作业或场合中，忽视其使用	①未戴护目镜或面罩 ②未戴防护手套 ③未穿安全鞋 ④未戴安全帽 ⑤未佩戴呼吸护具 ⑥未佩戴安全带 ⑦未戴工作帽 ⑧其他

续表

类别	具体不安全行为
不安全装束	①在有旋转零部件的设备旁作业，穿肥大的服装 ②操纵带有旋转零部件的设备时戴手套 ③其他
对易燃易爆等危险物品处理错误	—

（2）间接原因

1）技术和设计上有缺陷。工业构件、建筑物、机械设备、仪器仪表的设计和材料使用存在问题，工艺过程、操作方法、维修、检验等有缺陷。

2）作业人员教育培训不够，缺乏或不懂安全操作技术。

3）劳动组织不合理。

4）对现场工作缺乏检查或指导错误。

5）没有安全操作规程或安全操作规程不健全。

6）没有或不认真落实事故防范措施，对事故隐患整改不力。

7）其他。

分析事故时，应从直接原因入手，逐步深入到间接原因，从而掌握事故的全部原因，再分清主次，进行责任分析。

147. 如何预防高处坠落伤亡事故？

（1）采用新工艺、新技术、新材料和新设备的，应按规定对作业人员进行相关安全技术交底。

（2）所有高处作业人员都应接受高处作业安全知识的教育，建筑施工特种作业人员应持证上岗。

（3）施工单位应为作业人员提供合格的安全帽、安全带等必备的劳动防护用品，作业人员应按规定正确佩戴和使用。

（4）高处作业人员应经过体检，合格后才可上岗。

（5）施工单位应按类别，有针对性地将各类安全警示标志悬挂于施工现场各相应部位，夜间须设红灯示警。

（6）高处作业前，应由项目分管负责人组织有关部门对安全防护设施进行验收，验收合格签字后，才可作业。安全防护设施应做到定型化、工具化，防护栏杆以黄黑或红白相间的条纹标示，盖件等以黄色或红色标示。

（7）需要临时拆除或变动安全防护设施的，应经项目分管负责人审批签字，并组织有关部门验收，验收合格签字后，才可实施。

148. 施工现场应急救援应遵循哪些原则？

（1）机智、果断。发生事故后，现场人员应立即向有关部门报告，说明事发地点、事故概况和紧急救援内容，同时应迅速了解事故现场情况，机智、果断、迅速和因地制宜地采取有效应急措施和安全对策，防止事故进一步扩大。

（2）及时、稳妥。当事故现场或灾害现场十分危险或危急，伤亡或灾情可能进一步扩大时，应及时、稳妥地帮助伤员脱离危险区域或危险源。在应急救援过程中，应防止发生二次事故或次生事故，并采取措施确保应急救援人员自身和伤员的安全。

（3）正确、迅速。应正确、迅速地检查伤员的情况，如发现呼吸心搏停止，应立即进行心肺复苏，直到医护人员到来。如伤员出现大出血，应立即进行止血；如发生骨折，应设法进行固定等。医护人员到达后，应简要向其说明伤员的情况、急救过程和采取的措施，并协助医护人员继续进行抢救。

（4）细致、全面。对伤员的检查应细致、全面，特别是当伤员暂时没有生命危险时，应再次进行检查，不能粗心大意或临阵慌乱、疏忽漏项。对头部受到伤害的伤员，应注意跟踪观察和对症处理。

149. 施工现场应急救援应按照哪些步骤进行？

（1）迅速将伤员救离危险场所，确保应急救援人员、伤员以及其他人员无任何危险。

（2）初步检查伤员，判断其神志、呼吸等的情况，必要时立即进行现场急救和监护，确保伤员呼吸道畅通，视情况采取有效的止血、止痛、防止休克、骨折固定、预防感染等措施，并保管好断离的器官和组织。

（3）呼救。立即请人拨打"120"急救电话，应急救援人员可继续急救，一直到医护人员或者其他施救人员到达现场接替为止。

（4）即使未发现危及伤员生命的体征，也应进行第二次检查，以免遗漏其他的损伤等。

150. 高处坠落摔伤应如何进行急救？

当发生高处坠落事故后，急救的重点应放在对休克、骨折和出血的处理上。

（1）颌面部受伤。应保持伤员呼吸道畅通，摘除义齿，清除移位的组织碎片、血凝块、口腔分泌物等，同时松解伤员衣领和胸部的纽扣。

（2）脊椎受伤。用消毒的纱布等覆盖伤口，用绷带或布条包扎。搬运时，将伤员平卧放在帆布担架或硬板上，以免受伤的脊椎移位、断裂甚至截瘫、死亡。搬运过程中，严禁只抬伤员的两肩与两腿或单肩背运。

（3）手足骨折。不要盲目搬动伤员，应用夹板把骨折部位临时固定，使断端不再移位或刺伤肌肉、神经或血管。固定时，应以固定骨折处上下关节为原则，可就地取材，用木板、竹片等进行固定。

（4）复合伤。使伤员仰卧，保持呼吸道畅通，解开其衣领纽扣。

（5）周围血管伤。压迫伤口以上动脉，直接在伤口上放置厚敷料。绷带加压包扎以不出血和不影响肢体血液循环为宜。

此外，需要注意的是，在搬运和转送过程中，伤员的颈部和躯干不能前屈或扭转，应使伤员脊椎伸直，绝对禁止一个抬肩、一个抬腿的搬法，以免加重伤情。

151. 骨折应如何进行急救？

骨折分为闭合性骨折与开放性骨折两大类，前者骨折断端不与外界相通，后者骨折断端与外界相通。从受伤的程度来说，开放性骨折一般比较严重。遇有伤员骨折，应进行紧急处理后，再送医院抢救。

为了保障伤员在运送途中的安全，防止断骨刺伤周围的神经和血管组织，加剧伤员的痛苦，对骨折进行处理时应尽量不让骨折肢体活动。因此，应及时、正确地对骨折部位做好临时固定，并注意以下事项。

（1）不要把刺出的断骨送回伤口，以免刺破血管以及神经，造成感染。

（2）如有开放性伤口和出血，应先包扎伤口和止血，再对骨折处进行固定。

（3）固定时动作要轻，不得随意移动伤肢或翻动伤员，以免加重损伤，增加疼痛。

（4）夹板或其他硬质材料不能与皮肤直接接触，应用棉花或其代替品垫好，避免局部受压。

（5）搬运伤员时要轻、稳、快，避免震荡，并随时注意伤员的伤情变化。没有担架时，可利用门板、椅子、梯子等制作简单的担架运送伤员。

152. 事故报告应遵守哪些规定？

（1）事故发生后，事故现场有关人员应当立即向本单位负责人报告；单位负责人接到报告后，应当于 1 h 内向事故发生地县级以上人民政府应急管理部门和负有安全生产监督管理职责的有关部门报告。

情况紧急时，事故现场有关人员可以直接向事故发生地县级以上人民政府应急管理部门和负有安全生产监督管理职责的有关部门报告。

（2）应急管理部门和负有安全生产监督管理职责的有关部门接到事故报告后，应当依照下列规定上报事故情况，并通知公安机关、劳动保障行政部门、工会和人民检察院：

1）特别重大事故、重大事故逐级上报至国务院应急管理部门和负有安全生产监督管理职责的有关部门；

2）较大事故逐级上报至省、自治区、直辖市人民政府应急管理部门和负有安全生产监督管理职责的有关部门；

3）一般事故上报至设区的市级人民政府应急管理部门和负有安全生产监督管理职责的有关部门。

应急管理部门和负有安全生产监督管理职责的有关部门依照上述规定报告事故情况，应当同时报告本级人民政府。国务院应急管理部门和负有安全生产监督管理职责的有关部门以及省级人民政府接到发生特别重大事故、重大事故的报告后，应当立即报告国务院。

必要时，应急管理部门和负有安全生产监督管理职责的有关部门可以越级上报事故情况。

（3）应急管理部门和负有安全生产监督管理职责的有关部门逐级上报事故情况，每级上报的时间不得超过 2 h。

（4）事故报告后出现新情况的，应当及时补报。

自事故发生之日起 30 日内，事故造成的伤亡人数发生变化的，应当及时补报。道路交通事故、火灾事故自发生之日起 7 日内，事故造成的伤亡人数发生变化的，应当及时补报。